Der Untergang von Mathemagika

Karl Kuhlemann

Der Untergang von Mathemagika

Ein Roman über eine Welt jenseits unserer
Vorstellung

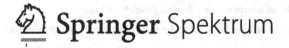

Karl Kuhlemann
Altenberge
Deutschland

ISBN 978-3-662-45978-2 ISBN 978-3-662-45979-9 (eBook)
DOI 10.1007/978-3-662-45979-9

Die Deutsche Nationalbibliothek verzeichnet diese Publikation in der Deutschen Nationalbibliografie; detaillierte bibliografische Daten sind im Internet über http://dnb.d-nb.de abrufbar.

Springer Spektrum

Planung: Dr. Andreas Rüdinger
Einbandabbildung: © fotolia

Gedruckt auf säurefreiem und chlorfrei gebleichtem Papier

Springer Berlin Heidelberg ist Teil der Fachverlagsgruppe Springer Science+Business Media
www.springer-spektrum.de

In Liebe für meine Frau Susanne

Inhalt

1

Die Tonne des Diogenes

Prof war ein Mathematikstudent im 16. Semester, der es offenbar nicht besonders eilig hatte, mit seinem Studium fertig zu werden. Schon vor Jahren hätte er sich zur Hauptprüfung anmelden sollen, der Zulassungsantrag lag fast fertig ausgefüllt ganz unten in einer überquellenden Ablage auf seinem Schreibtisch. Es fehlten nur noch das Thema seiner Diplomarbeit und seine Unterschrift. Vorschläge hatte er im Laufe seines Hauptstudiums von seinen Professoren genug bekommen. Aber wie konnte er sicher sein, das Richtige zu wählen, wenn es noch Vorlesungen gab, die er noch nicht gehört hatte, Seminare, die er noch nicht besucht hatte? Man durfte eine solche Entscheidung nicht überstürzen. Statt sich von irgendwelchen Regelstudienzeiten unter Druck setzen zu lassen, hing Prof lieber in Kneipen herum und verwickelte Leute in Gespräche über Mathematik, woher sein Spitzname Prof rührte. Natürlich hatte er auch einen richtigen Namen, aber den kannte kaum jemand, und er ist auch nicht weiter von Belang.

Für einen Mathematikstudenten sah Prof ganz passabel aus, das hatte er jedenfalls schon öfter zu hören bekommen, wenn bei einem lockeren Flirt die Sprache auf sein Studienfach kam. Mochten es seine sportliche Figur oder seine markanten Gesichtszüge sein, irgendetwas schien er an sich zu haben, das Frauen attraktiv fanden. Je nachdem, ob er seine Haare offen oder zu einem kurzen Zopf gebunden trug, sich einen Drei- bis Fünftagebart stehen ließ oder sich frisch rasierte, deckte er die Palette von verwegen bis schwiegermuttertauglich einigermaßen gut ab. Wenn sich die Gelegenheit ergab, erklärte er einer Frau ohne Hemmungen die Riemann'sche Geometrie, indem er ihr kleine Dreiecke auf verschiedene Stellen ihres Körpers zeichnete und dabei so charmant über positive und negative Flächenkrümmungen sprach, dass der Eindruck entstand, Riemann'sche Geometrie und Sinnlichkeit wären ein und dasselbe. Welche Frau ist schon darauf gefasst zu erfahren, dass die scheinbar nüchterne Tatsache, dass ein auf die Hüfte gezeichnetes Dreieck eine größere Winkelsumme hat, als ein auf die Taille gezeichnetes, für die wundervollen Rundungen ihres Körpers verantwortlich ist?

In einem Punkt entsprach Prof aber voll dem Klischeebild eines Mathematikers. Er machte sich nicht viel aus modischen Klamotten. Sein Geschmack war nicht wirklich schlecht, nur nicht besonders empfänglich für Trends. Prof konnte einfach nicht nachvollziehen, wie etwas, was in einem Jahr total angesagt war, im nächsten Jahr absolut unmöglich sein konnte. Er selbst bezeichnete seinen Geschmack als einen Fels in der Brandung von Verrücktheiten – schlicht und unverrückbar. Solange es das Warenangebot hergab, kaufte er daher immer Kleidung, die möglichst so aussah wie das, was er vorher hatte. Meistens sah man ihn in T-Shirts, unauffälligen Hemden und Bluejeans, natürlich ohne jeglichen Zierrat und sonstigen Schnickschnack.

Dass Prof sich mit seinem Studium so viel Zeit ließ, begründete er immer damit, dass die Welt (damit meinte er das Berufsleben mit Geldverdienen und so weiter) „noch nicht reif" für ihn sei. Da er von irgendetwas leben musste, hielt er sich mit einer Anstellung als studentische Hilfskraft an der Uni und diversen Gelegenheitsjobs über Wasser. Insgeheim hoffte er, dass sich eines Tages eine raumzeitliche Verwerfung vor ihm auftäte, die ihm den Übergang in eine andere, reifere Welt ermöglichte, eine Welt der „Wahrheit und Weisheit". Und wo sollte ein Übergang in eine solche Welt wohl eher zu erwarten sein, als in seiner Stammkneipe, der „Tonne des Diogenes", deren Wirt immerhin ein abgebrochenes Philosophiestudium vorweisen konnte. Tatsächlich hatte Prof am Ende seiner Kneipenbesuche schon oft das seltsame Gefühl gehabt, eine raumzeitliche Verwerfung direkt vor sich zu haben. Letztlich führte er das Gefühl aber dann doch immer auf seinen Alkoholkonsum zurück, was wohl auch die wahrscheinlichere Erklärung war.

Prof und der Kneipenwirt, den alle nur Dio nannten, kannten sich schon seit vielen Jahren und waren mittlerweile gut befreundet. Dass das nicht von Anfang an so war, lag an Profs Marotte, andere Kneipengäste in mathematische Dispute zu verwickeln. Einigen hatte er damit so zugesetzt, dass sie schließlich genervt das Lokal verließen. Das konnte Dio auf Dauer natürlich nicht tolerieren. Da er andererseits Prof nicht als guten Stammkunden verlieren wollte, schlug er folgenden Deal vor: Prof musste sich so lange zurückhalten, bis Dio ihm durch einen verabredeten Satz zu verstehen gab, dass er zu schließen beabsichtigte. Dann durfte Prof sich die letzten ein oder zwei Gäste vornehmen. Wenn er es schaffte, die Kneipe in akzeptabler Zeit leer zu diskutieren, gab es für ihn noch einen Absacker auf Kosten des Hauses. Nicht selten funktionierte das.

Ursprünglich hatte Dio sein Philosophiestudium nur vorübergehend unterbrechen wollen und seinen Ausflug ins Gastronomiegewerbe als eine Art „philosophisches Praktikum" verstanden. Dann aber verlängerte er sein „Praktikum" immer wieder und wurde schließlich zwangsexmatrikuliert. Da seine Kneipe recht gut lief, das Wirtsleben ihm gefiel und er zudem von Klausuren und sonstigen Prüfungen verschont blieb, bereute er seine Entscheidung nicht im Mindesten. Als einziges Zugeständnis an sein Philosophiestudium blieb der Name der Kneipe. Bekanntermaßen war Diogenes von Sinope ein Philosoph des vierten vorchristlichen Jahrhunderts, der der Legende nach in einer Tonne lebte und jeglichem materiellen Besitz entsagte. Als Alexander der Große ihn eines Tages aufsuchte und ihm die Erfüllung eines beliebigen Wunsches in Aussicht stellte, soll Diogenes geantwortet haben: „So geh mir ein wenig aus der Sonne!", was nach Dios Meinung der coolste Spruch der Weltgeschichte war.

Es war an einem Dienstag im April, kurz nach dem Beginn des Sommersemesters und bereits weit nach Mitternacht, als sich in der „Tonne des Diogenes" neben Wirt Dio noch Prof und ein zweiter Gast befanden. Der zweite Gast nannte sich Freddy (eigentlich hieß er Frédéric, aber er hasste diesen Namen). Vor wenigen Minuten waren die Gäste Nummer 3 und 4 gegangen.

„Und wie war's heute an der Uni?", fragte Dio beiläufig, als er die leeren Gläser von Gast Nummer 3 und Gast Nummer 4 abräumte. Aha, das war also das Signal. Jetzt durfte Prof loslegen.

„O prima, wir haben vierdimensionale Igel gekämmt", begann er. Dio spülte ohne das kleinste Anzeichen der Verwunderung die Gläser im Wasserbecken und stellte sie zum Abtropfen auf der Fläche rechts daneben ab.

„Hört sich spannend an", meinte er schließlich mäßig beeindruckt.

„Das kann man wohl sagen", pflichtete Prof bei. „Dabei stellte sich heraus, dass man einem vierdimensionalen Igel eine stetige Frisur ohne kahle Stellen verpassen kann, was bei einem dreidimensionalen Igel nicht geht."

Inzwischen war der erste Teil von Profs Antwort von Freddy inhaltlich verarbeitet worden. „Vierdimensionale Igel? Was zum Teufel soll das denn sein?", fragte er entgeistert. Eine Steilvorlage!

„Ja, weißt du", Prof wandte sich ihm zu, „stell dir zunächst einen dreidimensionalen Igel vor. Das ist eine Kugel, auf deren Oberfläche ein Vektorfeld definiert ist."

„Sind Igel nicht diese kleinen stacheligen Kerle, die Würmer und Insekten fressen und sich bei Gefahr zusammenrollen?"

„Im Allgemeinen ist ein Igel so ein kleiner stacheliger Kerl, aber Mathematiker idealisieren gern. Daher machen sie aus einem Igel eine Kugel, von deren Oberfläche in jedem Punkt ein *Vektor* ausgeht, also ein Stachel, der eine bestimmte Richtung und eine bestimmte Länge, aber keine Dicke hat. Wenn alle Stacheln an der Oberfläche anliegen, spricht man von einem *tangentialen* Vektorfeld. Der Igel ist dann gekämmt. Und das Vektorfeld ist *stetig*, wenn die Stacheln von Ort zu Ort nur allmählich und nicht abrupt ihre Länge oder ihre Richtung ändern. Das ist dann ein stetig gekämmter Igel."

„Und der hat irgendwo eine kahle Stelle?"

„Bei einem dreidimensionalen Igel, ja. Da würde beim Kämmen zum Beispiel irgendwo ein Wirbel entstehen. Die Frisur kann dort nur dann stetig sein, wenn die Stachellänge gegen 0 geht, mit anderen Worten, wenn der Igel dort eine kahle Stelle hat." Prof wollte noch ergänzen, dass bei einer anderen Interpretation, wenn man die Kugel als Erde, die Vektorrichtung als Windrichtung und die Vektorlänge als Windstärke deutet, der Satz vom Igel bedeutet, dass es auf der Erde immer irgendwo windstill ist, aber er kam nicht mehr dazu.

„Was soll denn das heißen, ‚bei einem dreidimensionalen Igel, ja‘? Ich kenne nur dreidimensionale Igel", unterbrach ihn Freddy.

„Ich habe in freier Wildbahn bis jetzt auch nur dreidimensionale Igel gesehen, aber so ein idealisierter Igel kann auch zwei- oder vierdimensional sein."

„Ein zweidimensionaler Igel soll wohl ein überfahrener Igel sein?"

„Nicht ganz. Ein überfahrener Igel wäre eher so eine Art Projektion eines dreidimensionalen Igels auf die zweidimensionale Straße. Einen idealisierten Igel hatte ich ja als Kugel mit Stacheln an der Oberfläche definiert. Die Kugeloberfläche zeichnet sich dadurch aus, dass alle ihre Punkte vom Kugelmittelpunkt denselben Abstand haben. Ein zweidimensionaler Igel in der Ebene wäre demnach ein Kreis mit Stacheln. Beim zweidimensionalen Igel kannst du gut sehen, wie stetiges Kämmen ohne kahle Stelle funktioniert. Du gehst einmal mit dem Kamm rundherum und hast alle Stacheln angelegt." Prof nahm einen runden Bierdeckel in die Hand und fuhr einmal mit dem Zeigefinger um den

Deckelrand. „Entlang des Kreises ändern die angelegten Stacheln nur ganz allmählich ihre Richtung, und alle Stacheln können gleich lang sein. Es braucht keine kahle Stelle zu geben. Bei einem dreidimensionalen Igel funktioniert das Rundherumkämmen nicht komplett. Es entstehen immer irgendwo Wirbel, also Stellen, an denen wir die Stetigkeit nur durch eine kahle Stelle hinbekommen. So wie mit dem dreidimensionalen Igel verhält es sich mit allen ungeradzahligdimensionalen Igeln. Sie sind alle nicht ohne kahle Stelle stetig kämmbar, im Gegensatz zu allen geradzahligdimensionalen Igeln. Da klappt es wie beim zweidimensionalen Igel."

„Okay, für zwei- und dreidimensionale Igel will ich dir das glauben, aber einen vierdimensionalen Igel musst du mir erst noch zeigen."

Prof wähnte sich auf der Zielgeraden. Bei vier- und höherdimensionalen Objekten schalten die meisten Leute ab. Das ist ein einfacher Selbstschutzmechanismus des Gehirns, wenn es den Auftrag bekommt, sich mehr als drei Dimensionen vorzustellen, wofür es natürlich nicht ausgelegt ist. Das ist, als würde man den Teilchenbeschleuniger einer Kernforschungsanlage an eine normale Haushaltssteckdose anschließen. Da brennt die Sicherung durch. Mathematiker umgehen den Selbstschutz des Gehirns mit einem simplen Trick: Sie versuchen nicht, sich die zusätzlichen Dimensionen vorzustellen. Sie rechnen stattdessen.

„Ein vierdimensionaler Igel ist einfach eine vierdimensionale Kugel, auf deren Rand – der in diesem Fall natürlich dreidimensional ist – ein Vektorfeld definiert ist. Der Rand besteht aus allen Punkten des vierdimensionalen Raumes, die von einem vorgegebenen Mittelpunkt den gleichen Abstand haben."

„Moment mal, die vierte Dimension ist doch die Zeit, oder?", hakte Freddy ein. Oha, offenbar hatte er schon einmal etwas über Relativitätstheorie gehört. Darüber wollte Prof jetzt aber nicht diskutieren. Andererseits gab die Igelgeschichte auch nicht mehr viel her. Daher beschloss er, dem Gespräch eine neue Richtung zu geben.

„In der Relativitätstheorie wird die Zeit als vierte Dimension verwendet, aber das ist nur eine mögliche Anwendung vierdimensionaler Räume. Die vierte Dimension könnte genauso gut – sagen wir – *Altbier* sein."

Altbier? Dio, der die ganze Zeit teilnahmslos weiter aufgeräumt hatte, schaute interessiert auf. Das war ihm neu. Er trank ganz gerne gelegentlich ein Altbier, aber eine vierte Dimension war ihm dabei noch nie aufgefallen. Auch Freddy standen einige Fragezeichen ins Gesicht geschrieben. Nachdem Prof die Pause noch einige Sekunden ausgekostet hatte, fuhr er fort: „Ja, durchaus. Ich werde euch zeigen, dass diese Kneipe hier ein mindestens zwanzigdimensionaler Raum ist."

„Na, da bin ich aber mal gespannt", spottete Freddy und nahm einen kräftigen Schluck aus seinem Bierglas. Dio hatte aufgehört, die Theke abzuwischen und hörte aufmerksam zu. Der Gedanke, Wirt einer zwanzigdimensionalen Kneipe zu sein, gefiel ihm.

„Normalerweise", sagte Prof, „werden Orte im dreidimensionalen Raum durch drei *Raumkoordinaten*, also drei Zahlen angegeben, zum Beispiel die jeweiligen Entfernungen zu den zwei Wänden, die da hinten zusammenlaufen und, als dritte Koordinate, die Entfernung zum Fußboden. Danach hätte ich in Metern die Koordinaten, na ja, vielleicht (2; 4; 1). Diese rein geografische Ortung von Gästen ist aber dem eigentlichen Geschäftszweck einer Kneipe vollkommen unangemessen. Eine Kneipe ist schließlich dazu da, dass die Gäste dort etwas trinken. Daher definiere ich die *vierdimensionale Kneipe* als die Menge aller möglichen Zustände, die dadurch festgelegt sind, wie viel Wasser, Cola, Pils und Alt man auf seinem Deckel hat. Danach hätte ich die Koordinaten ..." Prof starrte auf seinen Deckel. „Nun ja, sieht so aus, als hätte ich die Koordinaten (0; 0; 5; 0)."

„Und ich habe die Koordinaten (3; 1; 0; 2)", rief Dio.

„Und ich die Koordinaten (0; 1; 7; 0)", fiel Freddy lautstark mit ein. Prof war überrascht, wie viel Spaß die beiden plötzlich an vierdimensionalen Räumen hatten. Dass die vierte Dimension hier Altbier war, hatten sie offenbar sofort bereitwillig akzeptiert.

„Wenn es Gutscheindeckel gäbe, dann wären auch negative Koordinaten möglich", nahm Prof den Faden wieder auf. „Mit einem Gutschein für eine Cola startete man zum Beispiel bei den Koordinaten (0; −1; 0; 0) und hätte nach der Bestellung einer Cola einen blanken Deckel, bei dem alle Koordinaten auf 0 stehen. Und wenn die Koordinaten nicht nur ganzzahlig die bestellten Einheiten zählten, sondern kontinuierlich den fortschreitenden Verzehr entsprechend dem sinkenden Getränkepegel im Glas, dann wären prinzipiell alle reellen Zahlen als Koordinaten möglich, und man würde sich während seines Kneipenaufenthalts auf einem durchgehenden Weg durch den vierdimensionalen Raum vom Startpunkt zum Zielpunkt bewegen oder, besser gesagt, trinken. Besonders interessant sind hier die Mixgetränke wie Krefelder, denn damit trinkt man nicht parallel zu den Koordinatenachsen, sondern gewissermaßen schräg. So führen zwei Krefelder auf direktem Weg von $(0; 0; 0; 0)$ nach $(0; 1; 0; 1)$. Dasselbe Ziel könnte man erreichen, indem man erst eine Cola und dann ein Altbier trinkt, das wäre aber nach der euklidischen Metrik ein Umweg."

Man konnte das noch vertiefen und mit dem Satz von Pythagoras die Weglänge der zwei Krefelder berechnen (die wäre $\sqrt{2}$), aber Prof hielt inne. Freddy hörte nicht mehr zu, sondern brütete noch über den drei Deckeln. „Hey, wir könnten uns doch alle bei den Koordinaten $(3; 1; 7; 2)$ treffen", stieß er plötzlich hervor. Dazu müsste ich noch drei Wasser und zwei Alt trinken und du …"

Das Gespräch nahm eine gefährliche Wendung, denn schließlich wollte Dio die Kneipe in absehbarer Zeit schließen. Der war aber im Moment damit beschäftigt, seine Getränkekarte zu studieren. Genauer gesagt zählte er die verschiedenen angebotenen Getränke darauf. „Ha", rief er, „ich wusste es. Es sind mehr als zwanzig. Ich habe dich doch richtig verstanden, Prof, dass jedes Getränk, das man hier bestellen kann, eine eigene Dimension darstellt?" Prof nickte.

„Dann ist meine Kneipe sogar 24-dimensional", verkündete Dio stolz. Schlagartig wurde ihm bewusst, dass etwas falsch lief. So verlockend es war, eine Spritztour durch den 24-dimensionalen Raum zu unternehmen, sie sollten dieses Projekt vertagen. „Lass uns mal wieder in den gewöhnlichen dreidimensionalen Raum zurückkehren", meinte er unvermittelt.

„Der ist auch seltsam genug", stieg Prof mit ein. „Ich könnte euch da Sachen erzählen, die würdet ihr nicht glauben."

Dio hatte so eine Ahnung, wohin das zielen sollte. Diese „Sache" hatte schon ein paarmal funktioniert. „Ja, erzähl doch mal von diesem Banach-Dingsda", forderte er Prof auf. „Das ist doch ziemlich crazy." Dieses Banach-Dingsda hieß eigentlich Banach-Tarski-Paradoxon oder auch einfach Kugelparadoxon, aber das war im Moment nebensächlich.

Prof nippte kurz an seinem Bier und legte los. „Also, ich behaupte, man kann eine ganz gewöhnliche dreidimensionale Kugel in endlich viele Teile zerlegen und diese Teile durch Verschieben und Drehen im Raum zu zwei Kugeln zusammensetzen, die beide die gleiche Größe haben wie die Ausgangskugel."

Freddy schaute ihn mit versteinerter Miene an. „Hört sich für mich wie kompletter Blödsinn an", sagte er.

„Ist aber wahr", antwortete Prof.

„Pass mal auf", setzte Freddy an und beugte sich vor, „wenn die zwei Kugeln hinterher jeweils genauso groß sind wie die eine Kugel vorher, dann haben die auch das doppelte Volumen, und das kann ja wohl nicht sein. Oder willst du mir erzählen, dass sich allein durch die neue Zusammensetzung der Teile das Volumen verdoppelt?"

„Ja, genau das will ich dir erzählen."

„Warum lässt du dir das dann nicht patentieren und wirst stinkreich damit?", fragte Freddy. „Ich wette, ein Schlauberger, der Goldkugeln verdoppeln kann, braucht sich um seine Zukunft keine Sorgen zu machen."

„Mit Kugeln aus Materie funktioniert das dummerweise nicht", gab Prof zu. „Die kann man nicht fein genug zerteilen, aber wenn man eine Kugel als Punktmenge im Raum auffasst, dann geht das."

Ganz so schnell wollte Freddy nicht aufgeben. „Pech für dich, dass das mit Goldkugeln nicht geht, aber auch mit den Punktmengen kann es nicht funktionieren. Wenn die Kugelteile vorher zusammen das Volumen 1 haben, dann haben sie auch hinterher zusammen das Volumen 1, denn jedes einzelne der Teile behält schließlich sein Volumen, auch wenn du die Teile neu zusammensetzt."

Prof kam auf den entscheidenden Punkt des Paradoxons. „Du hast zwar korrekt gefolgert, bist aber leider von einer falschen Voraussetzung ausgegangen. Der von dir aufgezeigte Widerspruch ergibt sich nur, wenn du voraussetzt, dass die einzelnen Kugelteile jeweils für sich genommen ein Volumen *haben*. Das ist aber nicht der Fall. Die Teile sind von so komplizierter Gestalt, dass man ihnen kein Volumen zuschreiben kann. Das bedeutet nicht etwa, dass sie das Volumen 0 haben, sondern dass es zu einem Widerspruch führt, wenn man ihnen überhaupt irgendein Volumen zuschreibt. Ihr Volumen ist schlicht nicht definiert."

„Das ist ja wohl die mieseste Ausrede, die ich je gehört habe", machte Freddy seiner Empörung Luft. „Du zerlegst eine Punktmenge, die ein Volumen hat, in Teile, deren Volumen undefiniert ist, und dann setzt du die Teile anders zusammen, sodass sie insgesamt wieder ein Volumen haben, das aber jetzt doppelt so groß ist wie das ursprüngliche? Das glaube ich einfach nicht!"

„Ich habe ja prophezeit, dass du es nicht glauben würdest. Man kann es aber beweisen. Genau genommen ist das

Kugelparadoxon ein Beweis dafür, dass es Punktmengen im dreidimensionalen Raum gibt, die kein definiertes Volumen haben. Sonst wäre es ja in der Tat widersprüchlich."

„Du kannst mir viel erzählen", erwiderte Freddy immer noch ziemlich erregt, „aber ich glaube dir trotzdem nicht."

Prof hielt den Zeitpunkt für gekommen, noch einen Gang hochzuschalten. „Man kann übrigens noch mehr zeigen", fuhr er fort. „Wenn ich zwei beliebige geometrische Körper habe, nennen wir sie X und Y, dann kann ich X in endlich viele Teile zerlegen und diese nur durch Verschieben und Drehen im Raum exakt zu Y zusammensetzen. Dabei spielen Form und Größe der Körper überhaupt keine Rolle. X könnte zum Beispiel ein Quader von der Größe eines Zuckerwürfels sein und Y eine Pyramide von der Größe der Cheops-Pyramide. Oder X eine Kugel von der Größe einer Erbse und Y eine Kugel von der Größe der Sonne."

„Das ist ja vollkommen lächerlich. Ich glaube, ich habe für heute genug von deinen bekloppten Geschichten. Dio, kassier mich mal ab!"

„Das war ja ein harter Brocken", meinte Dio, als Freddy gezahlt und das Lokal verlassen hatte. „Darauf genehmigen wir uns noch einen. Hast du dir verdient, Prof. Auf dein Banach-Dingsda ist eben Verlass. Geht gleich los. Ich muss nur noch mal schnell vorher was loswerden." Dio verschwand in Richtung Toiletten.

Ja, das Banach-Tarski-Paradoxon war wirklich skurril. Prof konnte sich noch gut daran erinnern, als er zum ersten Mal davon gehört und anschließend sofort ungläubig den Beweis studiert hatte. Anfangs dachte er auch, das könne nicht mit rechten Dingen zugehen, aber der Beweis war wasserdicht – ein schönes Ding, das die Überabzählbarkeit der reellen Zahlen und insbesondere das Auswahlaxiom der Mengenlehre ausnutzte. Sein Professor hatte noch davor gewarnt, gegenüber Nichtmathematikern über das Paradoxon zu sprechen, weil dann die Zurechnungsfähigkeit der Mathematiker grundsätzlich in Zweifel gezogen würde – eine Warnung, die Prof getrost in den Wind geschlagen hatte. Er erzählte mit wachsender Begeisterung von dieser und von anderen mathematischen Skurrilitäten und erntete prompt jedesmal die Reaktion, die sein Professor prophezeit hatte.

Ob es wohl möglich wäre, einem Nichtmathematiker das Banach-Tarski-Paradoxon so detailliert zu erklären, dass er am Ende wirklich von dessen Wahrheit überzeugt wäre? Prof dachte eine Zeitlang darüber nach. Wie lange genau, vermochte er nicht zu sagen, sein Zeitgefühl schien irgendwie außer Kraft gesetzt zu sein. Musste Dio nicht langsam von der Toilette zurück sein? Prof wartete und versuchte, sich die Beweisschritte des Paradoxons bildlich vorzustellen. Dann wurde er von Dios Stimme aus seinen Gedanken gerissen.

„Na, was soll's denn sein, noch 'n Pils oder zur Abkürzung lieber ein Krefelder?"

„Nein, nein, ich bleibe bei Pils", antwortete Prof und schaute zu Dio hinüber, der inzwischen wieder seinen Platz hinter der Theke eingenommen hatte. Prof kniff die Augen zusammen und versuchte sich zu konzentrieren. Irgendetwas schien über Dios Kopf zu schweben. Prof schloss die Augen und öffnete sie wieder. Das Ding über Dios Kopf blieb. „Sag mal, Dio, habe ich heute irgendetwas getrunken, was Halluzinationen auslösen kann?", fragte er und kontrollierte vorsichtshalber noch einmal seinen Deckel.

„Nicht dass ich wüsste, warum?", erwiderte Dio und zapfte ein Pils und ein Alt an.

„Ich will dich ja nicht beunruhigen", begann Prof vorsichtig, „aber da ist etwas über deinem Kopf."

Dio schoss einen Meter zur Seite. „Was denn? Eine Riesenspinne?" Nicht, dass Dio besonders ängstlich gewesen wäre, aber mit Riesenspinnen hatte er keinen Vertrag.

„Nein, keine Riesenspinne", beschwichtigte Prof, „– das da!" Er zeigte mit dem Finger auf das Ding, das Dios Satz zur Seite nicht mitgemacht hatte und immer noch oberhalb des Zapfhahns schwebte. Es sah aus wie eine Art Seeigel, nur etwas größer und mit viel mehr Stacheln, die sich langsam bewegten und scheinbar ihre Länge veränderten.

„Prof, was ist das?", fragte Dio mit leicht zittriger Stimme.

„Du siehst es also auch?", fragte Prof zurück, ohne auf Dios Frage einzugehen.

„Ja, verdammt nochmal, was ist das? Sag mir verdammt, was das ist, Prof." – Prof schwieg. Beide starrten gebannt auf die Stachelkugel, die sich ganz langsam in Bewegung setzte und über die Theke in Richtung eines Barhockers schwebte.

Dio gab keine Ruhe. „Prof, soll ich die Polizei rufen, die Feuerwehr, das Militär? Wer ist für sowas zuständig?"

Prof hatte keine Ahnung. „Vielleicht sollten wir es einfach ignorieren", schlug er vor, jedoch ohne die Stachelkugel, die jetzt über dem Barhocker direkt neben ihm zum Stehen gekommen war, auch nur für eine Sekunde aus den Augen zu lassen.

„Ignorieren? Spinnst du? Das Ding könnte gefährlich sein! Vielleicht ist es eine außerirdische Sonde, die gleich irgendwelche Todesstrahlen aussendet."

„Dio, jetzt beruhige dich mal!", herrschte Prof ihn an. „Wenn uns das Ding umbringen wollte, hätte es das längst tun können." Dann setzte er leise hinzu, so als wollte er verhindern, dass sie jemand belauschte: „Ich meine, vielleicht ist das hier nur so etwas wie eine kollektive Halluzination. Dann ist Ignorieren genau das Richtige. Und wenn nicht, dann sind wir gerade Zeugen von etwas sehr Bedeutsamem, glaub mir."

Beide zwangen sich, den Blick von der Stachelkugel abzuwenden, hielten es aber nur wenige Sekunden aus, dann klebten ihre Blicke wieder an der seltsamen Erscheinung. „Ich kann das nicht ignorieren", kapitulierte Dio.

„Okay, ich auch nicht", gab Prof zu. „Was machen wir also?"

Dio hielt sich die Nase zu.

„Was soll das denn?", fragte Prof.

„Ich hab mal gelesen, dass man seine Träume aktiv steuern kann, wenn man sich im Traum bewusst wird, dass man träumt. Man muss dazu irgendwas Unmögliches machen, zum Beispiel sich die Nase zuhalten und dann durch die Nase weiteratmen."

„Aha. Klappt es denn? Kannst du durch die Nase weiteratmen?"

„Nein. Mein Traum ist es also anscheinend nicht. Versuch du es mal."

Prof hielt sich die Nase zu, konnte aber ebenfalls nicht durch die Nase weiteratmen. „Geht nicht", sagte er. „Beweist das jetzt, dass wir nicht träumen?"

Dio zuckte mit den Achseln. „War jedenfalls einen Versuch wert. Verdammt, es muss doch ein Traum sein oder bin ich komplett verrückt geworden? Wir müssen einfach noch andere unmögliche Sachen ausprobieren."

„Zum Beispiel die Quadratur des Kreises? Oder ein regelmäßiges Siebeneck mit Zirkel und Lineal konstruieren?"

„Halt, jetzt hab ich's. Wenn es einer von diesen aktiv steuerbaren Träumen ist, dann können wir uns aufwecken. Wir müssen uns nur das vereinbarte Wecksignal geben."

„Was für ein Wecksignal?"

„Na, sowas wie zweimal auf den Handrücken klopfen oder so." Beide klopften sich auf ihren Handrücken.

„Bringt auch nichts", stellte Dio fest.

„Hast du denn überhaupt ein Wecksignal vereinbart?"

„Nicht dass ich wüsste. Du denn?"

„Ich? Nein, du bist doch hier offenbar der Traumexperte. Aber wenn du kein Wecksignal vereinbart hast, kannst du dich auch nicht damit wecken."

„Verfahrene Situation. Wir stecken also in meinem Traum fest."

„Wieso bist du dir auf einmal so sicher, dass es dein Traum ist?"

„Na, weil ich von mir selbst weiß, dass ich das hier bewusst erlebe. Also muss es mein Traum sein."

„Moment, ich erlebe das hier auch bewusst."

„Das würde ich auch sagen, wenn ich du in meinem Traum wäre."

„Also so kommen wir nicht weiter. Nehmen wir doch mal an, das hier wäre kein Traum. Was zum Teufel ist dann dieses Ding da? Und komm mir jetzt nicht wieder mit deiner außerirdischen Todesstrahlensonde."

„Dann sag mir, was auf unserem Planeten so aussieht und in Kneipen herumschwebt."

Beide starrten ratlos auf das stachelige Etwas.

„Meinst du, wir können mit dem Ding kommunizieren?", setzte Dio neu an. „Wir könnten doch versuchen, ihm zu signalisieren, dass wir friedliche Leute sind und nichts Böses im Schilde führen. Nur vorsichtshalber."

Dios Frage wurde durch das Ding selbst beantwortet, indem es zu sprechen begann. „Hallo", sagte es sehr langsam in einer unglaublich tiefen, unglaublich durchdringenden Stimme, die von überall in der Kneipe zu kommen schien und die Prof und Dio einen Schauer über den Rücken trieb, „ich bin ein Wesen aus der vierten Dimension und hätte gerne ein Altbier."

Prof und Dio verschlug es die Sprache. Das war wirklich krass! Nach einer gefühlten Minute des Schweigens, die aber in Wirklichkeit nur wenige Sekunden dauerte, flüsterte Dio völlig fassungslos: „Prof, das Ding hat ein Altbier bestellt!"

„Ja, ich hab's gehört", flüsterte Prof zurück, ohne so richtig zu wissen, warum sie flüsterten. „Na, dann gib ihm doch ein Altbier! Ich denke, ein Bier auf Kosten des Hauses sollte dir ein Besuch aus der vierten Dimension schon wert sein."

„Ein Altbier, der Herr, natürlich, kommt sofort", sagte Dio und hielt ein Glas unter den Zapfhahn. Seine Hand zitterte, als er am Hebel zog. Warum kam aus dem verdammten Zapfhahn kein Altbier? Es kam überhaupt nichts aus dem Zapfhahn, außer einem entfernten, leisen Zischen, das sich langsam zu einem deutlichen Rauschen verstärkte und schließlich noch von einem blechernen Gurgeln überlagert wurde. Solche Geräusche hatte Dio noch nie aus seiner Zapfanlage vernommen. Wenn das Fass leer war, hörte es sich jedenfalls anders an, und außerdem hatte er erst gestern ein neues Altbierfass angeschlossen. Das Fass konnte noch nicht leer sein.

Das Ding wird bestimmt sauer, wenn es sein Altbier nicht bekommt, schoss es Dio durch den Kopf. Panik kroch in ihm hoch. „Prof, es kommt kein Altbier", flüsterte er, ohne die Zähne auseinanderzunehmen.

„Was ist denn los?", erkundigte sich Prof ebenfalls in Bauchrednermanier, „ist das Fass leer?"

„Nein, das Fass ist nicht leer", zischte Dio, „mit der verdammten Zapfanlage stimmt was nicht!"

Plötzlich verstummte das Rauschen und auch das Gurgeln, es kam aber immer noch kein Altbier. Der Zapfhahn schien verstopft zu sein. Dio stellte das leere Glas beiseite und beugte sich zum Zapfhahn hinunter. Es war nichts Ungewöhnliches zu erkennen. Doch dann sah Dio, wie sich am Zapfhahn ein zäher, silbrig glänzender Tropfen bildete. Dio ließ vor Schreck den Zapfhebel los. Der Tropfen wurde trotzdem größer, löste sich vom Zapfhahn und schwebte wie eine kleine silberne Seifenblase durch den Raum.

„Ich fürchte, es gibt ein Problem mit Ihrem Altbier, mein Herr", entschuldigte sich Dio, „darf es stattdessen vielleicht ein Pils sein?"

„Mit meinem Altbier ist alles in bester Ordnung", erschallte es in der gesamten Kneipe.

„Dio!" Prof winkte seinen Freund zu sich heran. Das Flüstern hatte er aufgegeben, sprach aber immer noch betont leise. „Ich glaube, ich weiß, womit wir es hier zu tun haben. Unser stacheliger Besuch muss so ein vierdimensionaler Igel sein, von dem ich Freddy vorhin erzählt habe."

„Du meinst einen, den man stetig kämmen kann?"

„Ja, genau."

Dio hatte bisher immer gedacht, die Dinge, von denen Prof erzählte, seien reine Phantasiegebilde, die nur in Mathematikergehirnen hausten, aber das hier war zweifellos kein Phantasiegebilde. „Entschuldigung, kann man Sie stetig kämmen?", fragte Dio an die Stachelkugel gerichtet. Prof schlug sich ein paarmal die Hand vor die Stirn, was ungefähr heißen sollte: Dio, bist du von allen guten Geistern verlassen?

„Selbstverständlich kann man mich stetig kämmen", erbebte die Kneipe, „ich bin ein vierdimensionaler Igel, und darum kann man mich stetig kämmen, das weiß doch jedes Kind!"

„O natürlich, natürlich", sagte Dio, „das ist natürlich selbstverständlich und selbstredend klar. Haben Sie zufällig auch einen Namen, Herr stetig kämmbarer Igel?"

„Selbstverständlich habe ich einen Namen", donnerte es durch die Kneipe, „aber diesen Namen kann man nur im vierdimensionalen Raum richtig aussprechen. Ihr hört und seht von mir natürlich nur eine Projektion in euren kümmerlichen dreidimensionalen Raum. Nennt mich also einfach Igel, das ist euch angemessen. Außerdem dürft ihr mich duzen. Dieses unterwürfige Getue geht mir auf den Zeiger!"

„Oh, klar, Herr Igel, ich meine Igel, wie du willst. Ich heiße übrigens Dio und das ist mein Freund Prof", sagte Dio. „Tja, mit deinem Altbier, Igel, wie gesagt, ich weiß nicht, was damit ist." Dio deutete mit einer verlegenen Geste auf die silberne Seifenblase, die mittlerweile in die Mitte des Gastraumes geschwebt und auf einen halben Meter Durchmesser angewachsen war. Prof erschrak, als er sich umdrehte und das Riesending erblickte.

Es waren jetzt auch Details erkennbar. Die Seifenblase sah aus wie eine außen verspiegelte Kugel, die sphärisch verzerrt die Umgebung widerspiegelte. Allerdings spiegelte sich in dieser Kugel nicht der Kneipenraum, sondern eine Szenerie in freier Natur und am helllichten Tag. Prof erkannte einen Mann mit Bart, der auf einem Felsbrocken saß und einen Fisch in der Hand hielt. Die Begrenzung der Kugel war seltsam verschwommen, so als wäre die verspiegelte Kugel in eine dicke, durchsichtige Gallertschicht eingebettet, die allmählich und ohne scharfe Grenze in den Kneipenraum überging und die alles, was man durch sie hindurch noch von der Kneipe sah, verzerrte wie eine optische Linse. Es waren dadurch sogar Bereiche sichtbar, die sich eigentlich hinter der Kugel befanden.

Die Kugel flutete die gesamte Kneipe mit hellem Tageslicht. Außerdem strömte aus ihr ein angenehm frischer Luftzug wie durch ein geöffnetes Fenster. Prof glaubte zu wissen, was er vor sich hatte. „Lieber Igel", fragte er vorsichtig, „ist es das, wofür ich es halte – ein Übergang in eine andere Welt?"

Übergänge zwischen zwei Welten, Wurmlöcher und dergleichen kennen Sie sicher aus Science-Fiction-Filmen. Es sind Verbindungen zwischen örtlich oder zeitlich weit voneinander entfernten Regionen des Universums oder Verbindungen zwischen verschiedenen Paralleluniversen. Wie kann man sich solche Verbindungen vorstellen?

Am besten beginnen Sie eine Dimension niedriger. Stellen Sie sich also zwei parallele Ebenen E_1 und E_2 vor. Aus beiden Ebenen stanzen Sie eine Kreisscheibe heraus und verbinden die beiden gegenüberliegenden kreisförmigen Löcher durch eine zylindrische Röhre. Anschließend glätten Sie noch die scharfen Kanten an den Nahtstellen, sodass zweidimensionale Wesen sanft und ohne einen Knick zu erleiden über die Röhre von einer Ebene in die andere gleiten können. Für ein zweidimensionales Wesen in E_1 sieht der Übergang zur Röhre wie ein Kreis aus, in dessen Inneren sich die komplette Welt von E_2 befindet, denn alle Signale aus E_2 gelangen über die Röhre nach E_1 und kommen daher scheinbar aus dem Kreisinneren. Das Wesen aus E_1 kann einmal um den Kreis herumgehen und dabei von allen Seiten in den Kreis hinein- und damit (auf der anderen Seite der Röhre) zu allen Seiten in die Welt E_2 hinausschauen.

Von E_2 aus sieht es natürlich genau andersherum aus. Ganz E_1 liegt scheinbar im Inneren des Kreises, der den Übergang von E_2 zur Röhre markiert. Innen und Außen des Kreises sind für die Beobachter aus E_1 und E_2 gerade vertauscht.

Etwas schwieriger wird es, wenn Sie nun versuchen, sich das Ganze eine Dimension höher vorzustellen. Aus zwei parallelen dreidimensionalen Räumen R_1 und R_2 stanzen Sie jeweils eine Kugel heraus und verbinden die beiden kugelförmigen Löcher durch einen Zylinder in der vierten Dimension. Dann glätten Sie wieder die Nahtstellen, und fertig ist der Übergang zwischen den Welten. Es klappt nicht mit der Vorstellung? Macht nichts. Behalten Sie einfach die Analogie mit den zweidimensionalen Wesen im Hinterkopf.

Für einen Beobachter in R_1 scheint R_2 innerhalb einer Kugel zu liegen, für einen Beobachter in R_2 scheint R_1 innerhalb einer Kugel zu liegen. Beide Beobachter sehen die jeweils andere Welt in einer Kugel. Innen und Außen sind je nach Position des Betrachters vertauscht. Wer in der einen

Welt in die Kugel hineinblickt, der blickt in der anderen Welt aus der Kugel heraus.

Genau das war es, was in der „Tonne des Diogenes" und an jenem anderen Ort in der anderen Welt passierte. Prof und Dio sahen in die Kugel hinein und erblickten einen bärtigen Mann, der sich nun von seinem Stein erhob und verwundert aus der Kugel herausblickte. Der bärtige Mann hingegen sah zwei junge Männer, die verwundert aus einer Kugel herausblickten.

Die Kugel war langsam und stetig weiter gewachsen, und Dio machte sich ernste Sorgen, was mit seiner Kneipe passieren würde, wenn das Ding an Fußboden und Decke stieße. Aber dann, bei einer Größe von gut zwei Metern, hörte die Kugel auf zu wachsen.

„Hallo, können Sie mich hören?", rief Dio in die Kugel hinein.

„Ja, ich höre Sie", sagte der bärtige Mann. „Was machen Sie in der Kugel?"

Dio dachte, er habe sich verhört, denn schließlich war ja der bärtige Mann in der Kugel und nicht er. „Sie meinen, was *Sie* in der Kugel machen", gab er daher zurück, „Sie sind drinnen und wir sind draußen, nicht wahr?"

Der bärtige Mann schüttelte den Kopf. „Nein, es ist umgekehrt. Sie beide sind drinnen und ich bin draußen."

Prof dachte an einen alten Mathematikerwitz. Wie fängt ein Mathematiker eine entlaufene Schafherde ein? Er zieht einen kleinen Zaun um sich herum und sagt: „Ich definiere: Hier ist draußen."

„Wie heißen Sie?", fragte Dio, der den Streit um drinnen und draußen nicht vertiefen wollte. Er hielt den Mann in der Kugel schlicht für senil.

„Mein Name ist Georg Cantor, und wer sind Sie?", antwortete der bärtige Mann. Cantor, Cantor, irgendwie kam Dio der Name bekannt vor. Er hatte ihn schon irgendwo gehört.

„Etwa der Georg Cantor, der die Mengenlehre begründet hat?", mischte sich Prof ein.

„Ich denke, der bin ich", erwiderte Cantor, „und mit wem habe ich das Vergnügen?"

Prof schluckte. Georg Cantor hatte im 19. Jahrhundert gelebt. Entweder war das nicht der wirkliche Georg Cantor oder die Kugel war ein Tor in eine vergangene Zeit.

„Entschuldigen Sie bitte unsere Unhöflichkeit", sagte Dio, „ich bin Dio, der Wirt dieser Kneipe hier, und der junge Mann neben mir ist Prof, ein Mathematikstudent und Stammgast. Sagen Sie, Sie wissen nicht zufällig, wie Sie hierher gekommen sind, oder? Ich meine, würde es Sie überraschen, wenn ich Ihnen sagte, dass Sie aus einem Altbierfass herausgeschwebt sind?"

„Von einem Altbierfass weiß ich nichts", sagte Cantor – er hielt die beiden jungen Männer schlicht für geistig verwirrt. „Ich saß auf dem Stein dort und wollte gerade meine Pinguine füttern, als ihr mit eurer Kugel aufgetaucht seid."

„Pinguine?", dachten Prof und Dio gleichzeitig. Weit und breit waren keine Pinguine zu sehen, und die Landschaft, in der sich Cantor befand, sah ganz und gar nicht nach Südpol aus. Vielleicht war der Mann wirklich senil und bildete sich nur ein, Georg Cantor zu sein oder Pinguine füttern zu müssen.

Prof wollte nun endlich wissen, was hier ablief und wandte sich erneut an Igel, der immer noch über dem Barhocker an der Theke schwebte. „Was ist das für ein Übergang, Igel? Wo führt er hin?"

„Die Welt, die ihr in der Kugel erblickt, ist – *Mathemagika*!", donnerte Igels Stimme durch die Kneipe und ließ Prof und Dio erneut vor Schreck zusammenfahren. Der Name war treffend gewählt, denn Mathemagika war ein wahrhaft zauberischer Ort, an dem es alles, was logisch möglich war, auch irgendwo gab. Kein Sterblicher hatte Mathemagika je betreten oder auch nur einen Blick hineingeworfen. Genau genommen wusste auf der Erde bislang überhaupt niemand, dass es Mathemagika gab. Die wundersame Erscheinung in Dios Kneipe war der erste unzweifelhafte Beweis für die Existenz einer anderen Welt und zugleich die erste physische Verbindung zwischen Mathemagika und unserem Universum. Die möglichen Folgen dieser Verbindung waren nicht im Geringsten abzusehen.

Prof war wie elektrisiert. Die Welt, von der er immer geträumt hatte, lag direkt vor ihm, und wer weiß, was es dort alles zu entdecken gab. „Können wir – hinübergehen?", fragte er. Dio riss die Augen auf, so als wäre ihm dieser Gedanke niemals in den Sinn gekommen.

„Selbstverständlich könnt ihr hinübergehen!", tönte es auf die übliche, durchdringende Weise.

Dio hielt Prof am Arm fest. „Prof, bist du sicher, dass du das tun willst? Möglicherweise überlebst du es nicht."

Dios Sorge war nicht ganz unberechtigt. Nach allem, was man in der Physik über Wurmlöcher wusste – sofern man sie überhaupt als theoretische Möglichkeit in Betracht zog, denn nachgewiesen hatte sie noch niemand – waren sie äußerst instabil und konnten jederzeit kollabieren. Außerdem müssten in ihnen durch die starke raumzeitliche

Krümmung gigantische Gezeitenkräfte wirken, die alles in ihrem Einflussbereich zermalmten. Ein solches „gewöhnliches" Wurmloch war das hier offenbar nicht, jedenfalls war Prof davon überzeugt.

Dio ließ nicht locker. „Wir könnten doch erst mal etwas hinüberwerfen und sehen, was passiert", schlug er vor, „zum Beispiel eine von den Frikadellen, die müssen sowieso weg."

„Du willst deine alten Frikadellen in Mathemagika entsorgen?", entrüstete sich Prof.

Etwas klatschte hart auf den Fußboden. Prof und Dio fuhren erschrocken herum. Herr Cantor hatte einen Fisch in die Kneipe geworfen.

„Siehst du, der Fisch ist tot", stellte Dio fest.

„Der Fisch war vorher schon tot, Dio – das war Pinguinfutter!" Prof ließ sich nicht länger zurückhalten. Er näherte sich langsam aber entschlossen der Kugel, bis er sie fast berührte. Die dicke, gallertartige Begrenzungsschicht war in Wirklichkeit purer Raum. Der verzerrende Linseneffekt rührte von der Raumkrümmung her. Prof tauchte vorsichtig in den gekrümmten Raum ein. Die sphärische Krümmung der Grenzschicht ebnete sich scheinbar vor seinen Augen. Das, was er aus den Augenwinkeln noch von der Kneipe wahrnahm, stülpte sich gleichsam über ihn hinweg. Dann verlor er den Bodenkontakt und schwebte zwischen den Welten. Ein faszinierender Moment!

„Prof, was geschieht mit dir?", schrie Dio. Von der Kneipe aus betrachtet, war Profs gesamter Körper in die sphärische Grenzschicht eingegangen und dementsprechend gekrümmt.

„Mir geht es gut, Dio", rief Prof zurück. „Das ist der Wahnsinn!"

Für ihn sah es so aus, als wären sowohl Mathemagika, als auch – wenn er zurückschaute – Dios Kneipe sphärisch verzerrt. Er befand sich genau in dem zylindrischen Zwischenstück, das die beiden Kugelflächen in der vierten Dimension verband. Dieses Raumstück war in sich zurückgebogen, so wie – Sie erinnern sich – die Fläche der zylindrischen Röhre in der Analogie eine Dimension niedriger. Das heißt, das Licht, das Prof zur Seite hin reflektierte, wurde durch den gebogenen Raum wieder zu ihm zurückgelenkt. Er sah um sich herum ein zylindrisch verschmiertes Bild von sich selbst, so wie im Inneren einer verspiegelten Röhre, nur eben nicht spiegelverkehrt. In Wirklichkeit sah er kein Spiegelbild von sich, sondern tatsächlich *sich selbst*.

„Greife meine Hand!", hörte er jemanden rufen. Cantor streckte ihm seine rechte Hand entgegen. Prof ergriff sie und wurde mit einem kräftigen Ruck nach Mathemagika hinübergezogen. Die taghelle Szenerie stülpte sich dabei über ihn hinweg und ließ die Kneipe in einer Kugel zurück.

Prof lag etwas benommen auf dem Boden und hatte kurzzeitig das Gefühl, sich übergeben zu müssen. Es gelang ihm aber doch, alles bei sich zu behalten. Er stand auf, klopfte sich den Staub von der Kleidung und bedankte sich bei Herrn Cantor. Dann winkte er zu Dio herüber. „Komm, lass uns eine neue Welt entdecken!"

Dio war nicht wohl bei dem Gedanken, sich in der vierten Dimension verbiegen zu lassen. Andererseits wollte er seinen Freund das bevorstehende Abenteuer nicht allein durchstehen lassen. Er dachte daran zurück, wie er als Kind im Freibad das erste Mal vom Fünfmeterturm gesprungen war. Er war auf dem Sprungturm von ganz hinten so schnell er konnte nach vorn geprescht, um ja nicht der Versuchung zu erliegen, angesichts der schwindelerregenden Höhe vorne einen Rückzieher zu machen. Ganz genau so würde er es hier auch machen. Er ging einige Meter zurück und schaute kurz zu Igel hinüber. „Was ist, kommst du mit?", fragte er.

„Ich werde da sein", antwortete Igel.

Dio nahm Anlauf, hielt beim Absprung die Luft an und hechtete kopfüber in die Kugel.

2

Die Fütterung der Pinguine

Mit einer nicht uneleganten Rolle landete Dio bei Prof und Cantor.

„Donnerwetter", staunte Prof. Eine so akrobatische Leistung hatte er seinem Freund nicht zugetraut. Dio sprang auf und reckte beide Arme in die Höhe.

„Ich hab's geschafft", jubelte er und fiel Prof vor Freude um den Hals.

„Willkommen in Mathemagika", empfing sie Cantor noch einmal offiziell. „Darf ich fragen, woher ihr kommt?"

„Wir kommen aus einer kleinen Kneipe am Rande der Milchstraße und leben Anfang des 21. Jahrhunderts", versuchte Prof die Sache etwas zu vereinfachen.

„Sagt bloß, ihr kommt aus der Welt der Erscheinungen?", fragte Cantor. Prof und Dio sahen ihn nur verständnislos an.

„Ist es eine Welt, in der alles unvollkommen und vergänglich ist, in der man geboren wird und wieder stirbt?", fragte Cantor weiter. Die beiden bestätigten, dass sie genau aus so einer Welt kämen.

„Das ist ja sensationell", rief Cantor und schlug die Hände zusammen. „Ihr müsst unbedingt zum nächsten Philosophenstammtisch mitkommen und Platon davon erzählen. Er hat schon immer vermutet, dass es neben unserer Welt der Ideen noch eine zweite Welt geben müsse, die er die *Welt der Erscheinungen* nennt. Dort soll alles unvollkommen und vergänglich sein. Allerdings sind nicht alle davon überzeugt, dass es diese Welt der Erscheinungen überhaupt gibt. Platon wird Augen machen, wenn er von euch erfährt."

„So so, das soll also hier die Welt der Ideen sein", sagte Dio mit unüberhörbarer Skepsis. „Und wie kommt es, dass wir uns ganz normal unterhalten können? Unterhaltung ist der Austausch von Signalen und setzt Veränderung voraus. Wie kann das hier also eine Welt ewiger und unveränderlicher Ideen sein?"

„Dio, nun mach doch nicht gleich alles mies", ging Prof dazwischen. „Wäre doch bescheuert, wenn wir uns mit Herrn Cantor nicht unterhalten könnten."

„Findest du es nicht merkwürdig, Prof, dass es hier im Wesentlichen genauso aussieht wie bei uns?", fragte Dio. „Schau dich um, hier gibt es Himmel, Erde, Wald, Wiese, alles wie bei uns. So sieht doch keine Welt der Ideen aus. Es müsste alles irgendwie ganz anders sein, viel weniger vertraut."

„Täuscht euch nicht", sagte Cantor, „ihr seid hier in einer ziemlich speziellen Ecke von Mathemagika herausgekommen. Denkt nicht, dass es überall so aussieht. Alles, was logisch möglich ist, gibt es hier auch irgendwo. Und das Wahrnehmen von Zeit und Veränderung ist doch logisch möglich, oder wollt ihr das bestreiten?"

Dio war mit der Erklärung noch nicht wirklich zufrieden, hielt sich aber Prof zuliebe zurück.

„Die Ideen *sind* hier die Realität", erklärte Cantor. „Mathemagika ist eine Welt der Ideen, genauer gesagt, eine Welt der Mengen. So haben wir es beschlossen."

„Eine Welt der Mengen? So hat sich unser Platon das aber nicht vorgestellt", protestierte Dio, „und wieso überhaupt beschlossen?"

„Wir haben beschlossen, dass unsere Welt auf den Axiomen der Mengenlehre beruhen soll, und so ist es also", sagte Cantor.

„Heißt das, Sie können beschließen, was Sie sind?", fragte Prof.

„Wir beschließen im Parlament Axiome", antwortete Cantor, „und daraus ergibt sich, was wir sind, oder besser, was unsere Welt ist. Das ist der Pakt von Mathemagika."

Wahnsinn! Prof stellte sich vor, der deutsche Bundestag könnte die Naturgesetze beschließen und zum Beispiel die Gravitationskonstante ebenso einfach verändern wie den Mehrwertsteuersatz. Das Universum würde vermutlich nicht mehr existieren.

„Die Sache hat nur einen Haken", fuhr Cantor fort. „Wenn wir etwas beschließen, was logisch widersprüchlich ist, verwirken wir unser Recht auf Existenz und werden vom Antilogos verschlungen." Prof und Dio dachten, Cantor gebrauche hier eine Metapher, aber so war es nicht. Der Antilogos, der personifizierte Widerspruch, war eine reale und sehr konkrete Gefahr.

„Haben Sie denn nicht wahnsinnige Angst, überhaupt etwas zu beschließen, wenn jeder falsche Beschluss das Ende der Welt bedeutet?", fragte Prof.

„Das haben wir. Die Angst vor dem Antilogos ist immer präsent, aber uns blieb nichts anderes übrig. Wir waren gewissermaßen im Zugzwang."

„Wie meinen Sie das?"

„Dem Pakt von Mathemagika zufolge waren wir gezwungen, etwas zu beschließen und unser Schicksal selbst in die Hand zu nehmen."

„Oh, das war sicher keine leichte Aufgabe."

„Ganz und gar nicht. Einerseits durften wir nicht zu vorsichtig sein, um die uns bekannte Welt nicht zu sehr zu beschneiden. Andererseits durften wir keinesfalls einen Widerspruch riskieren und die Welt damit der Vernichtung preisgeben. Schließlich wurde ein Vorschlag der Abgeordneten Zermelo und Fraenkel ins Parlament eingebracht und nach einigen hitzigen Debatten und leichten Modifikationen auch beschlossen, denn er schien geeignet zu erhalten, was wir brauchten, ohne leichtsinnig zu sein. Seither gründet sich unsere Welt auf dieses Gesetz, ein Axiomensystem für die Mengenlehre. Alles, was ihr hier seht, den Himmel, die Erde, mich selbst, wir sind alle eine Folge aus dem Zermelo-Fraenkel-Gesetz."

„Und da Ihre Welt noch existiert, muss das Gesetz konsistent sein, nicht wahr?"

„Leider haben wir diesbezüglich keine Gewissheit, denn in einer widersprüchlichen Welt ist logisch alles möglich, auch die Illusion unserer Existenz. Letztlich würden wir aber im Fall eines widersprüchlichen Beschlusses vom Antilogos verschlungen, so will es der Pakt von Mathemagika."

Jetzt konnte Dio nicht mehr an sich halten. „Sie wollen uns also weismachen, dass alles hier aus Mengen besteht?", fragte er. „Das kann doch nicht Ihr Ernst sein."

„Aber Dio, wieso denn nicht?", entgegnete Prof. „Denk doch mal nach. Wenn unsere weltformelsuchenden Physiker Recht haben und sich unsere Welt samt Raum, Zeit und Elementarteilchen aus ein paar Formeln heraus erklären lässt, warum soll dann nicht etwas wie das hier aus den Mengenlehreaxiomen folgen?"

„Jetzt sag bloß noch, du willst behaupten, dass unsere Welt zu Hause auch aus Mengen besteht."

„Natürlich nicht. Obwohl, wer weiß, was das ganze Zeug in der Physik letztlich ist? Alles, wovon die Elementarteilchenphysik heute handelt, sind doch vollkommen abstrakte Objekte. Würde mich gar nicht wundern, wenn das am Ende alles Mengen wären."

„Jetzt mach aber mal 'nen Punkt. Deine Mathematik ist vielleicht ganz nützlich, um die Welt mit Formeln zu beschreiben, aber sie *ist* nicht die Welt."

„Hier offenbar doch. Wir sind hier in der Welt der Ideen, schon vergessen? Alles, was ich sage, ist, dass die Dinge nicht so sein müssen, wie sie scheinen. Du siehst ja auch keine Elementarteilchen, wenn du mich ansiehst."

„Dass Schein und Sein nicht dasselbe sind, brauchst du einem Ex-Philosophiestudenten nicht zu erklären, Prof."

„Na also. Vielleicht hat Platon unrecht, und die materielle Welt und die Welt der Ideen sind gar nicht verschieden, sondern im Innersten ein und dasselbe. Wie sollte sonst eine Verbindung zwischen Mathemagika und unserer Welt möglich sein?"

„Gutes Argument, aber ich bin noch nicht davon überzeugt, dass das hier die Welt der Ideen, geschweige denn eine Welt der Mengen ist."

„Ihr seid einfach noch zu sehr in eurer Welt der Erscheinungen verhaftet", sagte Cantor, „daher seht ihr die Dinge nicht, wie sie sind, auch wenn sie direkt vor euch liegen. Ihr müsst euch auf die Ideen einlassen."

„Sie haben gut reden, Herr Cantor", sagte Prof, „wir haben nun mal nur unsere fünf Sinne, um die Welt wahrzunehmen."

„Ihr habt doch euren Verstand. Mit ihm müsst ihr schauen."

„Leider funktioniert dieser Sinn nicht so unmittelbar wie die anderen fünf."

„Mengen sind das Nächstliegende und Einfachste und zugleich das Potenteste und Vielfältigste, das es gibt. Hat man erst die Idee der Menge, eröffnet sich ein ganzes Universum. Seht her, wie alles wird. Die leere Menge, die als einzige Menge keine Elemente enthält, ist die Null unseres Mengenuniversums, der entscheidende Schritt vom Nichts zum Etwas, und von da aus zählen wir weiter. Was ist die Menge, die die Null als Element enthält? Es ist eine Menge mit *einem* Element, es ist unsere Eins. Was ist die Menge, die die Null und die Eins als Elemente enthält? Es ist eine Menge mit *zwei* Elementen, es ist unsere Zwei. So kommen wir von einer Zahl zur nächsten und brauchen letztlich doch nichts als die leere Menge. Mit Mengen definieren wir Paare, Tripel und so fort. Aus Mengen von Paaren natürlicher Zahlen werden ganze Zahlen, aus Mengen von Paaren ganzer Zahlen werden rationale Zahlen, und aus Mengen von rationalen Zahlen werden reelle Zahlen. Aus Mengen von Zahlenpaaren werden Funktionen und Relationen. Aus Mengen von Tripeln reeller Zahlen werden der Raum und darin enthaltene Körper, es werden Himmel und Erde und was ihr sonst noch wollt."

Dio fand Cantors Schöpfungsgeschichte besonders am Ende etwas knapp geraten, beschloss aber, nicht weiter zu opponieren, sondern einfach abzuwarten, was ihr Aufenthalt in Mathemagika noch bringen würde.

„Dieses Axiomensystem von Zermelo und Fraenkel, können Sie mir noch etwas mehr darüber erzählen?", fragte Prof.

„Wir nennen es schlicht *das Gesetz*, denn es ist die Grundlage unserer Welt", antwortete Cantor. Er schnippte mit den Fingern und hielt ein aufgerolltes Papier in der Hand. „Hier ist es notiert. Ihr könnt es euch gerne anschauen, wenn ihr wollt."

Kein schlechter Trick, dachte Prof. Er nahm das Papier entgegen, entrollte es und begann zu lesen. Ohne Umschweife ging es dort zur Sache:

§1 Existenzaxiom

$$\exists x \, x = x$$

§2 Extensionalitätsaxiom

$$\forall xy (\forall z (z \in x \leftrightarrow z \in y) \rightarrow x = y)$$

„Schwer verdauliche Kost, was?", meinte Dio, der Prof über die Schulter schaute.

„Wie man's nimmt", sagte Prof, „ist eben in der Formelsprache der Prädikatenlogik erster Stufe geschrieben. Paragraf 1 sagt, dass es überhaupt eine Menge gibt, Paragraf 2 sagt, dass zwei Mengen gleich sind, wenn sie die gleichen Elemente enthalten." Er überflog den Rest des Textes. „Hier, Paragraf 6 Potenzmengenaxiom, Paragraf 7 Unendlichkeitsaxiom und so weiter. Als Letztes Paragraf 10 Auswahlaxiom. Es scheint sich um exakt das gleiche Axiomensystem zu handeln, das wir als ZFC kennen."

„Dann gilt das Gesetz in eurer Welt also auch?", fragte Cantor.

„Es liegt zumindest unserer Mengenlehre zugrunde. Wir nennen es das Zermelo-Fraenkel-Axiomensystem mit Auswahlaxiom oder kurz ZFC." Prof gab Cantor die Schriftrolle zurück.

„Das ist interessant", sagte Cantor. „Wir sollten uns noch darüber unterhalten. Jetzt muss ich mich aber erst um meine Pinguine kümmern. Ich war gerade dabei, die Abbildung für die Fütterung zu definieren, als ihr mich unterbrochen habt."

„Abbildung?", fragte Dio. Er konnte sich nicht im Mindesten vorstellen, inwiefern eine Abbildung bei einer Pinguinfütterung von Nutzen sein sollte.

„Ach, das ist so eine Marotte von uns hier in Mathemagika", sagte Cantor. „Wenn wir jedem Element einer Menge A eindeutig ein Element einer Menge B zuordnen, nennen wir das eine Abbildung von A nach B. Wenn ich jeden Fisch einem Pinguin gebe, ist das eine Abbildung von der Fischmenge in die Pinguinmenge. Wenn dabei jeder Pinguin genau einen Fisch bekommt – was ratsam ist, damit es keinen Streit gibt –, dann ist das eine *bijektive* Abbildung, man könnte auch sagen, eine Eins-zu-Eins-Zuordnung. Sie ist in der einen wie in der anderen Richtung eindeutig und lässt keinen Rest."

Dio schaute sich um. Er konnte immer noch keine Pinguine entdecken. „Wo sind denn Ihre Pinguine?", fragte er.

„Da kommen sie", antwortete Cantor und deutete hinter Prof und Dio. „Kommt meine Lieblinge, Eins, Zwei, Drei, Vier, Fünf, Sechs, Sieben!"

Ohne dass erkennbar war, woher sie so plötzlich gekommen war, watschelte eine Kolonne von sieben Pinguinen heran.

„Die sind ja süß", rief Dio, „haben die auch Namen?"

„Ja, sie heißen Eins, Zwei, Drei, Vier, Fünf, Sechs, Sieben", antwortete Cantor, nahm den Eimer mit Fischen und ging zu dem Felsbrocken, auf dem er zuvor gesessen hatte.

„Sehr originell, Herr Cantor", befand Prof.

Cantor nahm die Fische, einen nach dem anderen, aus dem Eimer und legte sie ordentlich nebeneinander auf den Felsen. Dabei sprach er wie zu sich selbst: „Fisch Nummer eins ist für Eins, Fisch Nummer zwei ist für Zwei …"

„Warum kippen Sie die Fische nicht einfach auf einen Haufen und lassen die Pinguine nach Herzenslust fressen?", fragte Dio. „Dann können Sie sich doch den ganzen Zinnober mit der Abbildung sparen."

„Nein, nein, nein", entrüstete sich Cantor, „hier in Mathemagika machen wir nichts ohne eine gesicherte theoretische Grundlage, und als theoretische Grundlage für eine Pinguinfütterung eignen sich bijektive Abbildungen am besten. Dann bekommt jeder seinen Fisch, und es bleibt nichts übrig."

Typisch Mathematiker, dachte Dio, der nicht einsah, warum man einen simplen Vorgang wie eine Pinguinfütterung so theoretisieren musste. Cantor hatte den letzten Fisch aus dem Eimer genommen.

„Herrje", rief er, „ich habe es befürchtet!"

„Was ist los?", fragte Dio.

„Die bijektive Abbildung, sie geht nicht auf. Der Fisch, den ich zu euch in die Kneipe geworfen habe, fehlt. Sechs Fische, sieben Pinguine, versteht ihr? Das klappt nicht."

Natürlich ging das nicht. Bijektive Abbildungen gibt es nur zwischen Mengen, die gleich viele Elemente enthalten, das leuchtete auch Dio unmittelbar ein. Die Pinguine waren inzwischen angekommen und hüpften mit geöffnetem Schnabel ungeduldig auf und ab.

„Soll ich den Fisch aus der Kneipe holen?", bot Dio an.

„Ich denke, das wird nicht notwendig sein", antwortete Cantor. Er schnippte wieder mit den Fingern, worauf ein Fisch vom Himmel direkt in seine ausgestreckte Hand fiel.

„Wow, das ist ja ein toller Trick", staunte Prof. Das war in der Tat ein anderes Kaliber, als der Taschenspielertrick mit der Schriftrolle. „Wie haben Sie das gemacht?", fragte er.

„Bedenkt, dass ihr hier im Reich der Ideen seid. Der Unterschied zwischen Bewusstsein und Sein, zwischen Wollen und Werden ist aufgehoben", sagte Cantor.

„Ob ich das auch könnte?", fragte Dio und streckte ohne eine Antwort abzuwarten seine Hand aus, schnippte mit den Fingern und stellte sich dabei vor, dass ein Hotdog vom Himmel direkt in seine Hand fiele. Es passierte aber nichts.

„Ihr seid eben nicht von hier", sagte Cantor. „Bei euch sind Wollen und Werden immer noch zweierlei." Dio schnippte noch ein paarmal, jedoch ohne jeden Erfolg.

„Früher, als ich noch unendlich viele Pinguine hatte, wäre die Ersatzbeschaffung bei Verlust eines Fisches übrigens gar nicht notwendig gewesen", sagte Cantor weiter. „Natürlich brauchte ich da unendlich viele Fische für eine Fütterung, aber wäre dann zum Beispiel Fisch Nummer 1 verloren gegangen, hätte ich einfach die Fische 2, 3, 4 und so weiter der Reihe nach den Pinguinen 1, 2, 3 und so weiter gegeben. Pinguin n hätte statt Fisch n also Fisch $n - 1$ bekommen. Die Abbildung wäre aber immer noch bijektiv gewesen, eine

Eins-zu Eins-Zuordnung zwischen Fischen und Pinguinen. Kein Fisch und kein Pinguin wären übrig geblieben."

„Aber es gibt nicht unendlich viele Fische oder Pinguine", wandte Dio ein.

„Wie, seid ihr etwa Finitisten?", fragte Cantor. Die Abscheu, die im Wort *Finitisten* mitschwang, war deutlich zu hören.

„Nein, nein", sagte Prof, „was mein Freund sagen wollte ist, dass es in *unserer* Welt nicht unendlich viele Fische oder Pinguine gibt. Hier mag das selbstverständlich anders sein."

„Aber es wird in eurer Welt doch unendlich viele natürliche Zahlen geben oder etwa nicht?"

„Natürlich", sagte Prof.

„Seht ihr, dann ist die Menge aller natürlichen Zahlen auch bei euch eine unendliche Menge. Und bei einem Größenvergleich zwischen unendlichen Mengen kommt es auf endlich viele Elemente mehr oder weniger nicht an. Ob man bei 0 anfängt, bei 1, bei 2 oder bei 10.000, die Menge der natürlichen Zahlen ab da ist in allen Fällen gleich groß. Unser Kanzler, David Hilbert, erklärt das gerne anhand seines Hotels, das damit wirbt, niemals einen Gast abweisen zu müssen, selbst dann nicht, wenn es bereits voll belegt ist. Das Geheimnis des Hilbert'schen Hotels ist, dass es unendlich viele Zimmer mit den Zimmernummern 1, 2, 3 und so weiter hat. Außerdem muss sich jeder Gast damit einverstanden erklären, bei Bedarf durch die Hotelleitung umquartiert zu werden. Sind nun alle Zimmer belegt und kommt noch ein Reisender auf der Suche nach einem Quartier, so schickt die Hotelleitung einfach jeden Hotelgast ein Zimmer weiter, also jeweils von Zimmer n nach Zimmer $n + 1$. Dadurch hat jeder der bisherigen Gäste wieder ein Zimmer, und das

Zimmer 1 wird für den Neuankömmling frei. Lässt man die Gäste nicht nur ein sondern mehrere Zimmer weiterziehen, kann man so jeder endlichen Anzahl Zimmersuchender zu einer Unterkunft verhelfen. Sogar für unendlich viele Zimmersuchende kann Platz geschaffen werden, zum Beispiel durch den Umzug von Zimmer n nach Zimmer $2 \cdot n$. Dann werden alle Zimmer mit den ungeraden Nummern frei."

„Das ist ja wirklich mal eine Spitzengeschäftsidee", sagte Dio. „Hier gibt es wahrscheinlich immer unendlich viele Leute, die ein Zimmer suchen. Und mit unendlich vielen Gästen nimmt man unendlich viel Geld ein, egal welchen Zimmerpreis man verlangt."

„Nun ja", wandte Cantor ein, „auf der anderen Seite kostet die Unterhaltung von unendlich vielen Zimmern auch unendlich viel Geld. Der Überschuss aus dem Hotelbetrieb wäre also unendlich minus unendlich, und das ist leider nicht definiert. Aus diesem Grund haben wir Geld in Mathemagika seit der Einführung des Unendlichkeitsaxioms abgeschafft."

„Quatsch nicht länger und verteil endlich den Fisch!", wurde er barsch von Pinguin Eins unterbrochen.

„O verzeiht, meine Lieblinge", entschuldigte sich Cantor, „wo bin ich nur mit meinen Gedanken! Ihr habt natürlich Hunger, und ich rede und rede." Mit äußerster Konzentration warf er jedem Pinguin den ihm zugedachten Fisch zu. Die Pinguine fingen ihre Fische mit dem Schnabel auf und schlangen sie hinunter.

„Hat der Pinguin gerade gesprochen?", wandte sich Dio an Prof.

„Entweder das oder unser Herr Cantor ist nicht nur ein Zauberkünstler, sondern auch ein begnadeter Bauchredner", sagte Prof.

Die Pinguine schnatterten wild durcheinander: „Danke, danke!"

„Können hier alle Pinguine sprechen?", fragte Dio.

„Aber natürlich, wie sollten sie sich denn sonst mit uns verständigen?", sagte Cantor, als sei es das Selbstverständlichste von der Welt.

„Was ist eigentlich aus den unendlich vielen Pinguinen geworden, die Sie früher hatten?", erkundigte sich Prof.

„Die sind wahrscheinlich in das Hilbert'sche Hotel eingezogen", lästerte Dio.

„Es ist genau so, wie du sagst", bestätigte Cantor, „fast alle meine Pinguine sind in das Hilbert'sche Hotel eingezogen und helfen dort Herrn Hilbert, Aussagen über das Unendliche zu veranschaulichen. Lediglich meine sieben Lieblinge sind mir noch geblieben. Aber, um ehrlich zu sein, ich hatte einfach nicht mehr die Zeit, alle Pinguine zu versorgen. Schließlich leite ich nebenher noch das Unendlichkeitsministerium. Und Herr Hilbert hat ja seine Angestellten, die sich um das Hotel und die Bewohner kümmern. Dort weiß ich meine Pinguine in guten Händen."

„Sie sind der Unendlichkeitsminister von Mathemagika?", fragte Prof.

„Ja, ich wurde aufgrund meiner vorangegangenen Arbeiten über das Unendliche in dieses Amt berufen. Ihr müsst wissen, ich war der erste in Mathemagika, der überhaupt unendliche Mengen ernsthaft und systematisch erforscht hat, und zwar noch bevor sie durch unser Gesetz beschlossen waren. Ich wusste einfach, dass es sie geben sollte, auch wenn sie bis dahin noch niemand gesehen hatte. Um zwei beliebige Mengen hinsichtlich ihrer Größe vergleichen zu können, habe ich den Begriff der *Mächtigkeit* erfunden. Ich nenne eine Menge *A genauso mächtig* wie eine Menge *B*, wenn es eine bijektive Abbildung von *A* nach *B* gibt, so wie zwischen der Fischmenge und der Pinguinmenge. Da die Zuordnung dann auch in der umgekehrten Richtung eine bijektive Abbildung ist, ist ebenfalls *B* genauso mächtig wie *A*. Mit anderen Worten: Beide Mengen sind *gleich mächtig*."

Dio fand das nicht besonders tiefsinnig. Er beobachtete die vergnügt im Kreis watschelnden Pinguine. Es sah fast so aus, als ob sie tanzten.

„Wenn *A* genauso mächtig ist wie eine *Teilmenge* von *B*", setzte Cantor seinen Vortrag fort, „nenne ich *A höchstens so mächtig* wie *B* und *B mindestens so mächtig* wie *A*. Und schließlich nenne ich *A weniger mächtig* als *B* und *B mächtiger* als *A*, wenn *A* höchstens so mächtig, aber nicht genauso mächtig ist wie *B*."

In Dios Kopf bildete sich langsam ein unauflösbarer Knoten. Die Pinguine beschleunigten ihren Kreistanz.

„Für endliche Mengen", sagte Cantor, „laufen all diese Begriffe auf einen einfachen Größenvergleich der Element-anzahl hinaus. Gleich mächtig heißt gleich viele Elemente, höchstens so mächtig heißt höchstens so viele Elemente, weniger mächtig heißt weniger Elemente. Aber mit meiner Definition kann man nun auch unendliche Mengen sinnvoll miteinander vergleichen, und das ist das entscheidend Neue. Tatsächlich findet man so eine unerschöpfliche Vielfalt unendlicher Mächtigkeiten."

„Entschuldigen Sie, Herr Cantor", sagte Dio, „aber was sollen Ihre neuen Begriffe denn bringen? Wenn etwas unendlich ist, dann ist es für die Praxis zu groß, so einfach ist das. Was macht es da schon, wenn ein Unendlich noch etwas größer ist als ein anderes."

„Das macht einen wesentlichen Unterschied", widersprach Cantor. „Er entscheidet zum Beispiel darüber, ob die Gerade als eindimensional ausgedehntes Kontinuum eine Menge ausdehnungsloser Punkte sein kann oder nicht. Wären alle unendlichen Mengen genauso mächtig wie die Menge der natürlichen Zahlen, dann könnte man die Elemente jeder beliebigen unendlichen Menge mit den natürlichen Zahlen erschöpfend abzählen als x_0, x_1, x_2 und so weiter. Mit anderen Worten: Alle unendlichen Mengen wären *abzählbar*, wie ich es nenne. Ich habe aber gezeigt, dass das Kontinuum – als Menge aller Punkte einer Geraden, definiert durch die reellen Zahlen – mächtiger als abzählbar sein muss. Es ist *überabzählbar*."

„Dass man die Punkte einer Geraden nicht abzählen kann, ist doch nun wirklich nicht sehr überraschend. Wie soll das denn auch gehen?"

„Das ist in der Tat unmöglich, aber der Augenschein ist kein Beweis, und das Abzählbare reicht weiter, als du vielleicht denkst. Ich habe zum Beispiel gezeigt, dass nicht nur die Menge der ganzen Zahlen abzählbar ist, sondern auch die Menge der rationalen Zahlen, und die ist auf der Zahlengeraden augenscheinlich kaum noch zu unterscheiden vom Kontinuum selbst, denn es kommen zu den ganzen Zahlen ja noch alle gebrochenen Zahlen wie $\frac{1}{2}$ und $\frac{2}{3}$ hinzu. So liegen zwischen zwei beliebigen rationalen Zahlen immer noch unendlich viele weitere. Trotzdem ist die Menge aller rationalen Zahlen nur abzählbar. Ja, es ist sogar so, dass jede Vereinigung abzählbar vieler abzählbarer Mengen wieder abzählbar ist, denn man kann sich die Elemente in abzählbar vielen abzählbaren Zeilen angeordnet denken und sie dann diagonalenweise abzählen." Cantor zeichnete mit dem Finger einige Diagonalen in die Luft. „Man könnte also sagen: Abzählbar mal abzählbar ist immer noch abzählbar." (Abb. 2.1).

Wie aufs Stichwort nahmen die Pinguine Aufstellung in einer geraden Linie und schmetterten einen mehrstimmigen Chorsatz zur Melodie von „Jesus Christ Superstar": „Abzählbar mal abzählbar, das i-hist immer noch abzählbar."

„Ich werd bekloppt, jetzt singen die auch noch", sagte Prof, „das gibt's doch nicht!"

„Vergesst nicht, ihr seid hier in Mathemagika", erklärte Cantor. „Alles, was logisch möglich ist, gibt es hier auch irgendwo. Und singende Pinguine sind logisch nicht unmöglich."

„Hallo", ertönte eine unglaublich tiefe Stimme. Über Cantor schwebte eine Stachelkugel. Die Pinguine stoben kreischend in alle Richtungen auseinander.

„Wer zum Antilogos ist der Störenfried?", fragte Cantor und schaute auf das Ding über seinem Kopf.

„Ach, das ist nur Igel", sagte Dio, „der ist uns sozusagen zugelaufen."

„Ich bin ein vierdimensionaler Igel und somit stetig kämmbar!", polterte Igel. „Und ich bin euch nicht zugelaufen, sondern ich habe euch aufgesucht." Hier im Freien klang seine Stimme bei Weitem nicht so durchdringend und bedrohlich wie in Dios Kneipe.

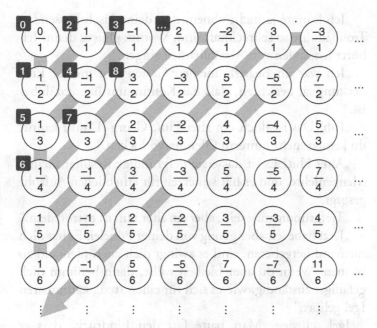

Abb. 2.1 Abzählbar mal abzählbar ist wieder abzählbar, hier am Beispiel der rationalen Zahlen. Abzählbar viele Zeilen enthalten jeweils abzählbar viele gekürzte Brüche mit konstantem Nenner, bei betragsmäßig wachsendem Zähler. Alle rationalen Zahlen können so vollständig mit den natürlichen Zahlen entlang der Diagonalen abgezählt werden

„Aha, wieder einer dieser Witzbolde aus der Differentialgeometrie", sagte Cantor. „Die projizieren sich ständig in irgendwelche Räume und erschrecken die Leute. Muss denn das sein, du ungehobelte Mannigfaltigkeit? Du hast meine armen Pinguine vollkommen verstört!"

„Ich konnte ja nicht ahnen, dass deine Fisch fressenden Troubadoure so schreckhaft sind. Worum ging es denn? Ich hörte jemanden von Abzählbarkeit singen."·

„Ich war im Begriff, meinen Gästen von meiner Entdeckung zu berichten, dass das Kontinuum überabzählbar ist."

„Pah! Das ist doch ein alter Hut, Georg. Damit kannst du keinen mehr hinterm Ofen hervorlocken."

„Alter Hut? Es ist das erste tiefgründige Resultat meiner Mengenlehre, und es hat seinerzeit für erheblichen Aufruhr gesorgt."

„Tiefgründig mag sein, aber ein alter Hut ist es trotzdem."

„Jetzt habe ich aber genug von deiner Pöbelei. Es hat dich niemand hergebeten, und es zwingt dich auch niemand zu bleiben. Wenn du aber bleiben willst, dann benimm dich gefälligst anständig, wie es sich für einen stetig kämmbaren Igel gehört."

Igel schwieg. Man hatte fast den Eindruck, dass er schmollte.

„Die reellen Zahlen", fuhr Cantor fort, „also die Zahlen, die man sich gemeinhin durch endliche und unendliche Dezimalbrüche dargestellt denkt, bilden eine überabzählbare Menge, das war meine erste wichtige Entdeckung. Dabei sind es unter den reellen Zahlen eben die nicht rationalen, also die *irrationalen*, die das Überabzählbare ausmachen, all jene unbequemen Brüder und Schwestern von $\sqrt{2}$ und π, deren Dezimalbruchentwicklung unendlich, aber nicht periodisch ist. In ihnen liegt die ganze überabzählbare Macht der reellen Zahlen."

Prof kannte natürlich Cantors Beweis zur Überabzählbarkeit der reellen Zahlen. Schon seine erste Begegnung damit, damals war er noch Schüler, entflammte seine Leidenschaft für die transfinite Mengenlehre. Über diese unerhörte Theorie vom Unendlichen musste er einfach mehr erfahren. Und noch immer war er davon fasziniert, wie einfach und zugleich genial Cantors Beweis war: Man nimmt an, die Menge aller reellen Zahlen zwischen 0 und 1 wäre durch eine Abzählung $r_0, r_1, r_2, \ldots$ gegeben und dann konstruiert man aus den Dezimalbrüchen dieser Zahlen eine neue reelle Zahl, die zwar ebenfalls zwischen 0 und 1 liegt, die aber unmöglich in der Abzählung vorkommen kann. Also muss die Annahme falsch sein. Also kann die Menge der reellen Zahlen zwischen 0 und 1 und damit erst recht die Menge aller reellen Zahlen nicht abzählbar sein (Abb. 2.2). Zack! Das war's. Unglaublich, dachte Prof, dass er jetzt Cantor direkt gegenüber stand und dessen Ausführungen über Mächtigkeiten lauschte. Cantor sprach indessen weiter.

„Nachdem ich erkannt hatte, dass die Menge der reellen Zahlen und damit die Menge der Punkte einer Geraden überabzählbar ist, stellte ich fest, dass auch diese neue Mächtigkeit weiter reicht, als ich zunächst gedacht hatte. Das eindimensionale Kontinuum der Geraden ist nämlich genauso mächtig wie das zweidimensionale Kontinuum der Ebene oder das dreidimensionale Kontinuum des Raumes, ja, genauso mächtig wie jedes beliebigdimensionale Kontinuum. So wie abzählbar mal abzählbar wieder abzählbar ist, so ist auch Kontinuum mal Kontinuum wieder Kontinuum. Die Dimension spielt für die Mächtigkeit des Kontinuums keine Rolle. Alles, was kontinuierlich ausgedehnt ist, gleichgültig wie groß oder in wie vielen Dimensionen, ist gleich mächtig, es hat, wie ich sage, die *Mächtigkeit des Kontinuums*."

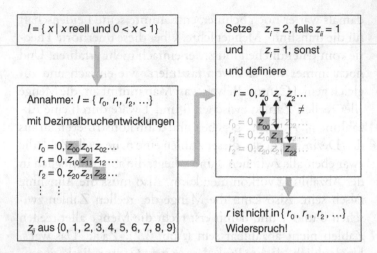

Abb. 2.2 Die eindeutige Dezimalbruchentwicklung von r unterscheidet sich von jedem der aufgeführten Dezimalbrüche von $r_0, r_1, r_2, \ldots$ an mindestens einer Stelle (der jeweiligen „Diagonalstelle"). Daher kommt r in der Abzählung nicht vor – im Widerspruch zur Annahme. Also ist I überabzählbar

Eine Gerade genauso mächtig wie eine Ebene oder der gesamte Raum? Das fand Dio nun tatsächlich erstaunlich. Vielleicht war der Vergleich unendlicher Mengen mittels bijektiver Abbildungen doch tiefsinniger, als er zunächst zuzugestehen bereit gewesen war. Prof fragte sich, welches Musikstück Cantors Pinguine wohl für die Kontinuum-mal-Kontinuum-Merkregel auf Lager gehabt hätten, aber leider waren sie von Igel in die Flucht geschlagen worden.

„Eine abzählbare Punktmenge hat immer das Maß 0", sagte Cantor, „gleich ob wir Länge, Fläche oder Volumen messen, denn jeder Punkt hat das Maß 0, und so berechnet sich das Maß einer abzählbaren Punktmenge als Grenzwert der Summe $0 + 0 + 0 + \ldots$, und dieser ist 0. Bei einer überabzählbaren Punktmenge aber kann alles Mögliche passieren. Sie kann das Maß 0 haben, sie kann ein positives endliches Maß haben, oder sie kann ein unendliches Maß haben. Darüber hinaus gibt es noch die überaus interessante Möglichkeit, dass sie überhaupt kein Maß hat, dass es also zu einem Widerspruch führte, wenn man ihr irgendein Maß zuschriebe. Die Existenz solcher nicht messbarer Punktmengen ist eine Konsequenz des Auswahlaxioms. Ihr kennt doch das Auswahlaxiom, oder nicht?"

„Klar", sagte Prof, „Paragraf 10 eures Gesetzes: Zu jeder Menge von überschneidungsfreien, nicht leeren Mengen gibt es eine Auswahlmenge, die aus jeder dieser Mengen genau ein Element enthält."

Dios ratloser Gesichtsausdruck veranlasste Cantor, Profs Antwort durch ein Beispiel zu veranschaulichen.

„Stell dir vor, ich hätte nicht nur einen Eimer mit Fischen, sondern viele. Dann sagt das Auswahlaxiom, dass ich eine Auswahlmenge bilden kann, die aus jedem der Eimer genau einen Fisch enthält."

„Das ist doch wohl selbstverständlich", sagte Dio.

„Es ist selbstverständlich, wenn es endlich viele Eimer sind. Das Auswahlaxiom gilt aber auch bei unendlich vielen, vielleicht überabzählbar vielen Eimern. Dann ist natürlich auch die Auswahlmenge, die aus jedem Eimer einen Fisch enthält, unendlich. Und das Auswahlaxiom sagt nicht, wie man die Auswahl konkret treffen kann."

„Also wenn man schon mit unendlichen Mengen anfängt, dann muss man auch unendliche Auswahlmengen akzeptieren."

„Das finde ich auch, und deswegen haben wir das Auswahlaxiom in unser Gesetz aufgenommen. Aber es gibt ein paar Querulanten im Parlament, denen das nicht gefällt." Cantor hielt plötzlich inne. „Hört ihr das?", fragte er.

„Ich höre nichts", sagte Dio.

„Achtung, es kommt etwas durch die Substruktur!", rief Cantor und riss Prof und Dio ein paar Meter mit sich, wo alle drei zu Boden stürzten. Ein in eine Staubwolke gehülltes Wiehern nahm den Platz ein, an dem sie zuvor gestanden hatten. Nachdem sich der Staub gelegt hatte, wurde ein berittener Bote sichtbar, in eine Uniform gekleidet, die Prof unter irdischen Maßstäben auf die Zeit des Dreißigjährigen Krieges datiert hätte. Ein Hut mit breiter Krempe und buschigem Federschmuck, ein grüner Rock, braune Kniebundhosen, Stiefel mit ausladendem Schaft.

„Den Logos zum Gruße, Herr Cantor", rief der Bote und schwang sich aus dem Sattel, „ich habe hier eine wichtige Nachricht von Seiner Majestät."

Cantor grüßte freundlich zurück und nahm einen versiegelten Umschlag entgegen. Nachdem er das Siegel aufgebrochen und den Brief entfaltet hatte, verfinsterte sich sein Gesichtsausdruck zunehmend, während er las.

„Ich muss sofort zum König", konstatierte er knapp. Der Bote war inzwischen wieder aufgesessen, grüßte zum Abschied und gab seinem Pferd die Sporen. Nach wenigen Metern verschwand er so unvermittelt, wie er erschienen war.

„Was ist passiert?", erkundigte sich Prof.

„Ich kann leider nicht darüber reden", gab Cantor zurück. „Ich schlage vor, wir treffen uns nachher alle am Schloss. Ihr könnt es leicht zu Fuß erreichen. Geht einfach diesen Weg bis zum Euklid-Denkmal. Dort biegt ihr rechts ab und folgt der Beschilderung Richtung Schloss. In etwa zwei Stunden seid ihr da. Ich kann euch leider nicht begleiten, aber ihr schafft es auch ohne mich. Bleibt immer auf den ausgeschilderten Wegen. Ihr wisst ja, alles, was logisch möglich ist, gibt es hier auch irgendwo. Also seid vorsichtig. Ich hörte von einem, der sich in einen unendlichdimensionalen Raum verirrte und nicht wieder herausfand."

Cantor faltete den Brief zusammen, steckte ihn in die Brusttasche seines Jacketts, schnippte einmal mit den Fingern und löste sich augenblicklich in Luft auf. Prof und Dio sahen einander etwas hilflos an. Was sollten sie jetzt tun, der Einladung Cantors folgen und einfach zum Schloss gehen? Irgendein sehr ernstes Problem war offenbar aufgetreten. Die beiden hätten zu gern gewusst, was Cantor so beunruhigt hatte.

„Wollt ihr wissen, was in dem Brief steht?", fragte Igel.

„Willst du etwa behaupten, du weißt es?" fragte Dio zurück.

„Selbstverständlich weiß ich es. Bedenkt, dass ich aus der vierten Dimension zu euch spreche. Ich sehe das Innere jedes dreidimensionalen Gegenstandes, so wie ihr das Innere eines auf Papier gezeichneten Dreiecks seht. Ich sehe euer Herz schlagen, das Blut durch eure Adern fließen, euren Magen und euren Darm verdauen . . ."

„Ja, wir haben verstanden", unterbrach ihn Prof. „Was also steht in dem Brief?"

„Nun, es steht dort, dass der Minister Gödel spurlos verschwunden und möglicherweise entführt worden ist – und dass er eine sehr beunruhigende Botschaft hinterlassen hat."

„Und was für eine Botschaft?", hakte Prof nach.

„Das steht nicht in dem Brief, aber sie muss wirklich sehr beunruhigend sein, wenn der König deswegen den Krisenstab einberuft. Ich denke, das werde ich mir aus der Nähe ansehen. Vielleicht kann ich von Nutzen sein. Ihr gestattet, dass ich eine Abkürzung durch den vierdimensionalen Raum nehme. Wir sehen uns dann später am Schloss", sprach Igel und verschwand scheinbar ins Nichts.

Dio wurde etwas unbehaglich zumute. Er überlegte einen Moment, ob er Prof vorschlagen sollte, wieder zurück in die Kneipe und dann nach Hause zu gehen, sich richtig auszuschlafen und darauf zu hoffen, dass alles nur ein verrückter Traum gewesen war. Aber er wusste genau, dass Prof diesem Vorschlag niemals zugestimmt hätte. Prof brannte darauf, Mathemagika zu erkunden.

3

Der König

König Aleph ging in seinem Arbeitszimmer auf und ab und murmelte immerzu: „Das gibt es doch nicht." Kanzler Hilbert sowie die Minister Cantor und Zermelo standen mit betretenen Gesichtern daneben. Auf dem Schreibtisch des Königs lag das Buch, das man in Kurt Gödels Wohnung gefunden hatte, aufgeschlagen auf der Seite, auf die Gödel seine letzte Botschaft gekritzelt hatte.

Das Buch war ein Band der *Principia Mathematica* von Russel und Whitehead. Auf der Seite 362, auf der der formale – und sehr lange – Beweis der allgemein anerkannten Aussage $1 + 1 = 2$ endete, hatte Gödel handschriftlich auf dem Rand vermerkt: „$1 = 2$. Ich habe hierfür einen wahrhaft wunderbaren Beweis, doch ist dieser Rand hier zu schmal, um ihn zu fassen."

Kurt Gödel hatte einen sehr speziellen Humor, das wusste man, und so hatte er sich offenbar für seine letzte Botschaft einer entzückenden Anspielung bedient. Pierre de Fermat, auf der Erde ein genialer Mathematiker des 17. Jahrhunderts, hatte viele seiner tiefschürfenden Erkenntnisse als kurze Randnotizen, oft ohne oder nur mit angedeutetem Beweis, hinterlassen.

An einer Randnotiz bissen sich die besten Mathematiker noch über 350 Jahre lang die Zähne aus. Das war die berühmte *Fermat'sche Vermutung*. Sie besagt, dass es zu der Gleichung $a^n + b^n = c^n$ keine Lösung in der Menge der positiven ganzen Zahlen gibt, wenn n größer als 2 ist. Für $n = 2$ waren bereits im alten Babylonien Lösungen bekannt, die sogenannten *pythagoreischen Tripel*. So ist zum Beispiel $3^2 + 4^2 = 5^2$. Aber für größere n sollte das nach Fermat ausgeschlossen sein.

Fermat hatte diese Behauptung, wie viele andere seiner Behauptungen auch, in eine Ausgabe des Werkes *Arithmetica* des Diophantos von Alexandria geschrieben, und zwar mit folgenden Worten: „Es ist nicht möglich, einen Kubus in zwei Kuben, oder ein Biquadrat in zwei Biquadrate und allgemein eine Potenz, höher als die zweite, in zwei Potenzen mit demselben Exponenten zu zerlegen." Darunter setzte er lapidar: „Ich habe hierfür einen wahrhaft wunderbaren Beweis, doch ist dieser Rand hier zu schmal, um ihn zu fassen."

Angesichts der Einfachheit der Behauptung einerseits und der unzähligen gescheiterten Beweisversuche folgender Mathematikergenerationen andererseits war und ist Fermats Randnotiz eine ungeheure Provokation. Daran änderte sich auch nichts, als Andrew Wiles 1995 tatsächlich einen Beweis veröffentlichte, den er in Jahren intensiven Forschens quasi im Alleingang und vor der Öffentlichkeit verborgen gefunden hatte.

Wiles' Beweis ist ein Geniestück der modernen algebraischen Geometrie, das umfassende Erkenntnisse in diesem Themengebiet liefert und die Fermat'sche Vermutung gewissermaßen mit erledigt. Gerade wegen dieser modernen

Bezüge, kann das nicht der Beweis sein, den Fermat zu kennen behauptete. Außerdem ist Wiles' Beweis mit seinen über hundert Seiten äußerst anspruchsvoller Mathematik weit davon entfernt, auf einen Seitenrand zu passen. Dennoch war Wiles eine Sensation gelungen. Ein Jahrhunderte altes, hartnäckiges Problem war endlich geknackt.

In Mathemagika verlief die Geschichte noch seltsamer, denn hier starben Mathematiker nicht, sondern lebten für gewöhnlich ewig. Fermat hatte seine Vermutung unbewiesen auf einen Rand geschrieben und war dann einfach spurlos verschwunden, so wie jetzt Gödel. Anfangs hieß es, er sei zu einer ausgedehnten Studienreise in entlegene Gebiete Mathemagikas aufgebrochen, aber seither hat es kein Lebenszeichen von ihm gegeben. Fermat blieb verschollen und sein letzter Satz ohne Beweis. Auch kein anderer Bewohner von Mathemagika war bis dahin erfolgreich gewesen.

König Aleph schlug mit der Faust auf den Tisch. „Wie kann er das tun?", fragte er, „wie kann er behaupten, einen Beweis für $1 = 2$ zu haben und dann spurlos verschwinden? Jedes Kind weiß doch, dass 1 nicht gleich 2 ist. Was meinen Sie, Hilbert, handelt es sich vielleicht nur um einen schlechten Scherz?"

„Nein, Eure Majestät, Gödel ist dafür bekannt, äußerst geistreiche Scherze zu machen. Einen schlechten Scherz halte ich für ausgeschlossen."

„Dann ist es also wahr, Gödel hat den Antilogos entfesselt und ist von Selbigem verschlungen worden", resignierte König Aleph, wobei diese Formulierung etwas ungerecht war, denn wenn Gödels Botschaft zutraf, dann hatte Gödel den

Antilogos nicht entfesselt, sondern nur seine Anwesenheit entdeckt.

„Oder es handelt sich um einen *guten* Scherz", gab Hilbert zu Bedenken. „Die Anspielung auf Fermat war doch schon nicht schlecht, und die Spurensicherung hat keine Hinweise auf eine Gewaltanwendung festgestellt. Möglicherweise kommt noch ein richtiger Kracher als Pointe hinterher."

„Kracher als Pointe?" Der König war außer sich. „Wir sind womöglich alle dem Untergang geweiht, und Sie reden von einem Kracher als Pointe?"

„Ich weise Eure Majestät darauf hin, dass bis jetzt noch keine Meldungen über ein zerstörerisches Wirken des Antilogos eingegangen sind", entgegnete Hilbert, „alles geht offenbar seinen gewohnten Gang."

„Bis jetzt, mein lieber Hilbert, bis jetzt! Das beruhigt mich nicht im Mindesten, angesichts Gödels Randnotiz. Ich kenne Gödel, er macht mit so etwas keine Späße. Bestimmt stecken die verrückten Schwestern dahinter."

Die vom König verdächtigten Schwestern hießen Jackie und Heidi und trieben seit Inkrafttreten von ZFC ihr Unwesen in Mathemagika. Niemand wusste so recht, woher sie gekommen waren und welche Absichten sie hegten. Aufgrund ihrer exzentrischen Art wurden sie gerne als „verrückte Schwestern" bezeichnet. Es hieß, dass sie über ein immenses Wissen verfügten, ein Wissen, das sie in geheimer Forschung erworben hatten und mit niemandem zu teilen bereit waren. Zumindest hatten sie bislang jeden zum Teufel gejagt, der mit einem solchen Ansinnen zu ihnen gekommen war. Da sie nicht nur exzentrisch, sondern zudem sehr launisch, ja geradezu biestig waren, gab sich überhaupt niemand gerne mit ihnen ab. Es wurde sogar behauptet, die Schwestern stünden mit dem Antilogos im Bunde. Daher wurden sie schnell mit allem Seltsamen, das sich ereignete, in Verbindung gebracht.

„Was haben denn Ihre Agenten, die Sie auf die Schwestern angesetzt hatten, in Erfahrung gebracht? Gab es da in letzter Zeit irgendwelche besonderen Vorkommnisse, verdächtige Aktivitäten?"

„Nichts dergleichen, Eure Majestät. Allerdings muss ich gestehen, dass wir seit zwei Tagen den Kontakt zu den Agenten verloren haben."

„Warum erfahre ich so etwas nur so nebenbei und auf Nachfrage? Ich verlange, unverzüglich über jegliche Auffälligkeiten unterrichtet zu werden."

„Eure Majestät", meldete sich Cantor zu Wort, „wie es scheint, sind heute zwei Individuen aus der Welt der Erscheinungen bei uns eingetroffen."

„Aus der Welt der Erscheinungen? Was denn noch alles? Hat nicht Platon versichert, dass das unmöglich sei? Wo kommen wir denn da hin, wenn alle Nase lang etwas Unmögliches passiert? Da können wir ja gleich dem Antilogos die Hand schütteln. Sind sie sicher, dass diese Fremden aus der Welt der Erscheinungen kommen?"

„Nach eigenen Aussagen sind sie sterblich. Und sie haben offenbar Schwierigkeiten, Ideen direkt mit ihren Sinnen wahrzunehmen. Im Übrigen: Platon hat nicht *bewiesen*, dass es unmöglich ist, aus der Welt der Erscheinungen hierher zu gelangen. Er hat es nur behauptet."

„Keine Haarspaltereien, Cantor. Meinen Sie, die Fremden könnten etwas mit Gödels Verschwinden zu tun haben?"

„Das halte ich für ausgeschlossen. Sie machten auf mich einen ausgesprochen harmlosen Eindruck, und ich habe sie von ihrer Ankunft bis zu dem Zeitpunkt, als der Bote die

Nachricht von Gödels Verschwinden überbracht hat, nicht aus den Augen gelassen. Im Moment dürften Sie auf dem Weg hierher sein, denn ich habe sie aufs Schloss eingeladen."

„Aufs Schloss eingeladen? Sind Sie denn noch zu retten, Cantor? Obwohl, vielleicht gar keine schlechte Idee. Dann haben wir sie wenigstens unter unserer Kontrolle. Sie sind nicht in der Lage durch die Substruktur zu reisen?"

„Nein, sie sind auf ganz althergebrachte Weise zu Fuß unterwegs. Ich habe ihnen ausdrücklich geraten, nur die offiziell ausgewiesenen Wege zu benutzen. Es wird also noch einige Zeit dauern, bis sie hier sind."

„Wir sollten trotzdem auf der Hut sein. Möglicherweise sind sie nicht so harmlos, wie es den Anschein hat. Wie auch immer, der Krisenstab tritt um $\frac{4}{3}\pi$ im kleinen Sitzungssaal zusammen. Zermelo, bereiten Sie einen Bericht über unsere Notfallpläne vor. Wir müssen sofort handlungsfähig sein, wenn es zum Äußersten kommt." Mit einer beiläufigen Geste komplimentierte er seine Minister aus dem Zimmer.

Das Äußerste, zu dem es kommen konnte, war das Verhängen des Ausnahmezustandes durch den Krisenstab. Hierdurch ging die gesetzgebende Gewalt vom Parlament unmittelbar auf den Krisenstab über. Der Krisenstab konnte so ohne Parlamentsbeschluss Axiome außer Kraft setzen oder neue beschließen. Die logische Hürde für das Verhängen des Ausnahmezustandes war allerdings extrem hoch. Gemäß der Geschäftsordnung des Krisenstabes durfte dies nur unter der Voraussetzung $1 = 2$ geschehen, was der Randnotiz in Gödels Exemplar der Principia Mathematica noch eine besondere Bedeutung zukommen ließ, doch die bloße Behauptung ohne Beweis gab dem Krisenstab noch keine Handhabe. Bisher war der Ausnahmezustand erst ein einziges Mal in Mathemagika verhängt worden, als in dem vom Parlament beschlossenen Axiomensystem, das Gottlieb Frege vorgeschlagen hatte, ein Widerspruch entdeckt worden war. Aus einem Widerspruch aber folgt Beliebiges, also auch $1 = 2$. Der Krisenstab verhängte den Ausnahmezustand und setzte statt der Frege'schen Axiome vorübergehend Russels und Whiteheads Axiome der Principia Mathematica in Kraft. Später wurde im Parlament dann das immer noch gültige Axiomensystem ZFC beschlossen.

Nun war es womöglich wieder so weit. Der Krisenstab bereitete sich auf das Schlimmste vor.

4
Das Denkmal

Prof und Dio waren etwa eine halbe Stunde gegangen, als sie am Euklid-Denkmal ankamen. Auf einem würfelförmigen Sockel erhob sich in Lebensgröße der in Stein gehauene Euklid und hielt mehrere Schriftrollen in seinen Händen. In den Sockel waren die Postulate und Axiome der euklidischen Geometrie eingemeißelt.

„Gefordert soll sein: 1. Dass man von jedem Punkt nach jedem Punkt die Strecke ziehen kann", begann Prof zu lesen.

„Prof, hier auf dem Schild steht, dass es links zum Schloss geht", sagte Dio, der einen von Buschwerk fast verdeckten Wegweiser entdeckt hatte. „Hat Cantor nicht gesagt, dass wir am Denkmal rechts abbiegen sollen?"

„Ich glaube schon", antwortete Prof, ohne den Blick von der Sockelinschrift abzuwenden. „Bist du sicher, dass das Schild nach links zeigt?"

„Klar bin ich sicher. Glaubst du, ich kann rechts und links nicht auseinanderhalten? Aber warte mal, auf der Rückseite ist noch ein Schild, das zeigt genau in die andere Richtung."

„Und auf beiden steht, dass es zum Schloss geht?"

„Ja, sieh doch selbst nach, wenn du mir nicht glaubst."

„Na, dann geht es eben in beiden Richtungen zum Schloss, und wenn Herr Cantor gesagt hat, dass wir nach rechts gehen sollen, dann machen wir das auch."

„Trotzdem komisch. Was soll so ein Schild denn nützen? Wenn die wenigstens Entfernungen dazugeschrieben hätten, dann könnte man zwischen dem längeren und dem kürzeren Weg wählen."

„Vielleicht sind beide Wege gleich lang."

„Du hast auch auf alles eine blöde Antwort. Dann hätten die trotzdem die Entfernung dazuschreiben können, damit man weiß, wie weit es ist."

„Wege und Entfernungen spielen keine große Rolle, wenn man sich mit einem Fingerschnippen teleportieren kann."

„Was hast du gesagt?", fragte Dio.

„Ich habe nichts gesagt", sagte Prof.

„Doch, du hast etwas von Fingerschnippen und Teleportieren gesagt", beharrte Dio.

„Ich habe nichts gesagt", wiederholte Prof.

„Ich sagte, Wege und Entfernungen spielen keine große Rolle, wenn man sich mit einem Fingerschnippen teleportieren kann."

Prof und Dio blickten nach oben. Das Denkmal hatte soeben zu ihnen gesprochen.

„Alter Schwede, der Euklid ist gar nicht aus Stein", sagte Dio.

„Oder er ist aus Stein und kann trotzdem sprechen, keine voreiligen Schlüsse, Dio", sagte Prof.

„Mein Gott, Prof, wie soll denn einer aus Stein sprechen können? Ich sage dir, der ist grau angemalt wie diese lebenden Denkmäler, die sich auf öffentlichen Plätzen für

Touristen regungslos hinstellen und so tun, als wären sie aus Stein."

Euklid kletterte von seinem Sockel herab und legte seine Schriftrollen an die Stelle, wo er gestanden hatte.

„Ich bin weder aus Stein, noch grau angemalt", sagte er. „Ich habe einfach beschlossen, grau zu werden und mein weiteres Leben als Denkmal zu verbringen. Also stehe ich die meiste Zeit auf meinem Sockel und denke nach. Manchmal steige ich herab und schreibe etwas auf oder gehe ein Stück spazieren."

„Ist das nicht auf Dauer ziemlich unbefriedigend?", fragte Prof. „Sie sind doch Euklid, der Erfinder der axiomatischen Methode, da können Sie doch bestimmt noch etwas Großes schaffen, statt hier als Denkmal herumzustehen."

„Ach, seit diese Mengenlehreleute am Ruder sind, ist das nicht mehr meine Mathematik. Dabei habe ich schon meine Axiome aufgestellt, als diese Herren noch so gut wie nichts von unserer Welt wussten. Gut, es stellte sich heraus, dass meine Vorstellung vom Raum nicht die einzige ist, die logisch möglich ist, und man hat noch ein paar Unzulänglichkeiten in meinem Axiomensystem gefunden, aber ich war der erste, der überhaupt ein Axiomensystem vorgeschlagen hat. Ein ganzes Zeitalter hat man mich dafür bejubelt. Als man dann meinte, Mathemagika aus Mengen aufbauen zu müssen, war meine große Zeit vorbei, und ich stieg auf meinen Sockel als Denkmal für eine vergangene Epoche. Nicht genug damit, dass dieser Hilbert ein perfektes Axiomensystem für meine Geometrie aufgestellt hat, er hat mir auch noch gezeigt, wie sich diese aus der neuen Mengenlehre ergibt, die mittlerweile beschlossene Sache war. Immerhin musste die Mengenlehre das Unendlichkeitsaxiom und das

Potenzmengenaxiom aufbieten, um meine Geometrie zu vereinnahmen. Glücklich bin ich über diese Entwicklung nicht, das könnt ihr mir glauben."

„Sie dürfen das nicht persönlich nehmen. Ihr Ansatz mit der axiomatischen Methode hat sich doch durchgesetzt. Das Gesetz von Mathemagika ist schließlich auch nur ein Axiomensystem."

„Aber was ist aus der Geometrie geworden? Der Raum ist eine unendliche Menge von Punkten, ja schlimmer noch, eine Menge von Zahlentripeln, und die Zahlen sind am Ende selbst wieder Mengen. So habe ich mir das nicht vorgestellt. Man soll nicht sagen, dass ich Neuem gegenüber nicht aufgeschlossen sei, im Gegenteil. Die Einführung des Positionssystems, die Erweiterung des Zahlbegriffs, die Methoden der Algebra, all das habe ich durchaus begrüßt. Aber mit dem Gedanken, in einem Mengenuniversum zu leben, werde ich mich niemals anfreunden."

„Was haben Sie denn gegen Mengen?", fragte Prof.

„Sie sind einfach nichts Rechtes, um damit umzugehen. Zahlen wie 1, 2, 3 liegen glasklar vor meinen Augen, aber die Menge der Zahlen 1, 2 und 3, das war für mich stets nur eine Redewendung, um über die drei Zahlen zugleich zu sprechen. Nie hätte ich der Menge dieser Zahlen eine eigene Existenz zugebilligt, wie sie den Zahlen selbst zweifellos zukommt."

„Sie leben doch in einer Welt der Ideen", wandte Prof ein, „und ist nicht die Menge der Zahlen 1, 2, 3 ebenso eine Idee wie die Zahlen 1, 2, 3 selbst, und hat sie nicht daher dasselbe Recht auf Existenz?"

„Wenn du so willst. Es wurde ja auch so beschlossen. Aber nach meinem Geschmack ist das nicht. Und man hat sich nicht mit endlichen Mengen zufriedengegeben. Mit dem Unendlichkeitsaxiom wurde eine Menge zum Leben erweckt, die niemand wirklich als Ganzes erfassen kann, eine unendliche Menge, die alle natürlichen Zahlen enthält."

„Ist nicht auch dies eine berechtigte Idee: eine Menge, die die Null enthält und mit jeder Zahl auch deren Nachfolger?"

„Eine frevelhafte Idee, wie ich finde, wenn man das Unendliche nicht nur als bloße Möglichkeit betrachtet, unbegrenzt weiter voranzuschreiten, sondern es zu einem existierenden Ding macht. Das Ganze ist stets größer als der Teil, so habe ich es in meinem achten Axiom formuliert, ein Axiom, das die Mengenlehre mit ihrem Unendlichkeitsaxiom getrost in den Wind schießt. Aber selbst damit hat man es nicht genug sein lassen. Das Potenzmengenaxiom erschafft wahre Ungeheuer, deren Elemente noch nicht einmal in einer unendlichen Folge aufgezählt werden könnten. Da werden einfach alle Teilmengen einer Menge, endliche wie unendliche, zu Elementen einer neuen Menge erklärt, als sei nichts dabei. Dieser neuen Menge wird unter dem Namen Potenzmenge per Axiom zur Existenz verholfen. Und wozu das Ganze? Um, wie man sich einbildet, damit das Kontinuum erklären zu können."

„Das ist nur ein Aspekt dabei", meinte Prof, „bei aller Vorsicht, die bei der Mengenbildung im Allgemeinen angebracht ist, erscheint mir das Potenzmengenaxiom ziemlich überzeugend, denn die Eigenschaft, eine Teilmenge einer vorgegebenen Menge zu sein, ist doch vergleichsweise harmlos, zumindest wenn man die bekannten widersprüchlichen Mengenbildungen wie die Russel'sche Menge oder die Menge aller Mengen daneben sieht. Solche widersprüchlichen Mengenbildungen dürfen durch die Axiome natürlich nicht zugelassen werden, aber es wäre irgendwie unbefriedigend, wenn man die Potenzmenge einer Menge nicht bilden könnte. Und dass die Geometrie jetzt unter dem Dach der Mengenlehre stattfindet, hat auch seine Vorteile. Wie lange hat man vergeblich versucht, das Kontinuum zu verstehen? Und dann kommt Herr Cantor und erklärt, das Kontinuum sei eine überabzählbare Punktmenge, genauso mächtig wie die Potenzmenge der Menge der natürlichen Zahlen. Das ist doch ein Riesenfortschritt. Man braucht eine Strecke nicht mehr als ein Ding eigener Art aufzufassen, das man von der Menge aller Punkte auf dieser Strecke unterscheiden müsste. Es ist einfach ein und dasselbe."

„Ich kann keinen Gefallen daran finden, und eine überabzählbare Punktmenge erscheint mir sehr viel problematischer, als eine Strecke, die ein Ding eigener Art ist. In meiner Geometrie war alles klar und anschaulich. Da gab es Punkte, Linien, Flächen und Körper, sauber voneinander getrennte Objektgattungen, und je nachdem, zu welcher Gattung ein Objekt gehörte, hatte es entweder keine Ausdehnung oder eine Länge oder einen Flächeninhalt oder ein Volumen. Heute sind Linien, Flächen und Körper unendliche Punktmengen, Teilmengen des Raumes, und damit nicht genug, es gibt sogar unendliche Punktmengen, die zu keiner dieser anschaulichen Objektgattungen gehören. Mit jeder Punktmenge wird heute Geometrie betrieben, und da passieren verrückte Dinge. Da gibt es dann auf einmal Punktmengen, die kongruent zu einem Teil ihrer selbst sind. Stellt euch das vor, man nehme ein Ding, drehe es ein Stück, und dann fehlt etwas daran, das ist doch absurd, oder nicht?"

„Das finde ich allerdings auch", pflichtete Dio bei.

„Siehst du, dein Freund findet es auch absurd", sagte Euklid. „Zu meiner Zeit war Kongruenz eine einfache Sache. Zwei Figuren oder Körper waren kongruent, wenn sie gleich aussahen, wenn sie die gleiche Größe und die gleiche Form hatten, mit anderen Worten, wenn man sie durch eine Bewegung zur Deckung bringen konnte, so wie zwei Würfel mit gleicher Kantenlänge. Aber wie soll man bei einer beliebigen Punktmenge von einer Form sprechen?"

„An der Definition hat sich doch grundsätzlich nichts geändert", wandte Prof ein. „Zwei Punktmengen sind kongruent, wenn man sie durch eine Bewegung zur Deckung bringen kann. Das gilt für einen Würfel genauso wie für jede andere Punktmenge auch."

„Aber die Anschaulichkeit, das, worauf es in der Geometrie doch ankommt, geht verloren, wenn man beliebige Punktmengen zulässt. Ich werde euch dazu eine Geschichte erzählen. Einst besuchte mich ein Mann, der ein Gerät erfunden hatte, das Pendelschläge zählte." Euklid schnippte mit den Fingern, worauf ein mannshoher Holzkasten mit verglaster Front neben ihm stand. „Das Gerät sah etwa so aus: ein Kasten, in dem ein Pendel schwingt, eine Kette mit einem Zuggewicht, welche das Pendel antreibt und im oberen Teil ein kreisrundes Blatt mit einem Zeiger. Das eigentliche Wunder aber steckt hier drinnen." Euklid öffnete ein Kläppchen oben an der Seite der Uhr, wodurch der Blick auf die Mechanik im Inneren freigegeben wurde. „Seht her, ist es nicht faszinierend, wie all diese kleinen gezackten Rädchen ineinandergreifen? Ich fragte den Mann sogleich, wozu dieses Gerät dienen solle, worauf er mir erklärte, es sei dazu gedacht, die Zeit zu messen, ein drolliger Gedanke, nicht wahr? ‚Was brauchst du ein so kompliziertes Gerät, um die

Zeit zu messen?', fragte ich ihn. ‚Der Lauf der Sonne sagt dir alles, was du über die Zeit wissen musst. Wenn die Sonne aufgeht, ist es Zeit aufzustehen, wenn sie hoch steht, ist Mittag und wenn sie untergeht, ist es Zeit, schlafen zu gehen. Und wenn du es unbedingt noch genauer brauchst, steckst du einen Stab in die Erde und liest die Zeit am Verlauf des Schattens ab.‘ Solche Sonnenuhren waren schließlich schon lange im Gebrauch. Aber der Mann meinte, das sei immer noch nicht präzise genug, man müsse die Zeit in Takte, so kurz wie ein Pendelschlag, einteilen und diese Takte fortlaufend zählen, nur so ließe sich jedes zukünftige Ereignis hinreichend genau zeitlich einordnen. Genau zu diesem Zweck habe er sein Gerät ersonnen. Ich sah mir also dieses Gerät, das er, in Anlehnung an die Sonnenuhr, Pendeluhr nannte, genauer an."

„Ihre Uhr läuft falsch herum", bemerkte Dio.

„Falsch herum?", fragte Euklid.

„Entgegen dem Uhrzeigersinn. Uhren bei uns auf der Erde laufen andersherum."

„Das ist doch nur eine willkürliche Festlegung, Dio", sagte Prof.

„So willkürlich ist die nicht", widersprach Dio, „mit dem Uhrzeigersinn ist so, wie der Schatten bei einer Sonnenuhr wandert."

„Aber nur auf der Nordhalbkugel, Dio. Wenn es danach ginge, müssten die Uhren auf der Südhalbkugel entgegen dem üblichen Uhrzeigersinn laufen."

„Da hat sich der Norden eben durchgesetzt, weil mechanische Uhren dort erfunden worden sind."

„Sag ich doch, eine willkürliche Festlegung."

„Sagen wir eine historisch bedingte Festlegung."

„Nun, die Pendeluhr, die jener Mann, von dem ich berichte, erfunden hatte, lief jedenfalls so herum wie diese
hier", sagte Euklid. „Bei uns in Mathemagika ist das der
positive Drehsinn. In dieser Richtung messen wir Winkel.
Wie ihr seht, springt der Zeiger bei jedem Pendelschlag um
einen bestimmten Winkel, nämlich den sechzigsten Teil des
Kreises, weiter, das heißt, nach sechzig Schlägen ist er einmal
herumgelaufen. Ich erklärte dem Mann, dass seine Pendeluhr zwar durchaus ein handwerkliches Meisterstück sei, aber
leider ungeeignet, beliebig weit in die Zukunft zu zählen."

„Wieso das denn?", fragte Prof.

„Weil diese Uhr nur bis sechzig zählen kann. Danach wiederholen sich die Zeigerstellungen periodisch. Die Zählung
währt also gerade einmal sechzig Pendelschläge lang."

„Bei uns haben Uhren deswegen mehrere Zeiger. Einen
Sekundenzeiger, der die Pendelschläge zählt, einen Minu-
tenzeiger, der die Umläufe des Sekundenzeigers zählt, und
einen Stundenzeiger, der die Umläufe des Minutenzeigers
zählt."

„Der Gedanke, mehrere Zeiger zu montieren, kam dem
Erfinder der Pendeluhr auch, aber das hätte das Problem
nicht prinzipiell gelöst, denn irgendwann hätten sich die
Zeigerstellungen dennoch wiederholt. Man kann wohl auch
schlecht beliebig viele Zeiger an einer Uhr anbringen. Ich
aber hatte einen Vorschlag, der das Problem an der Wur-
zel anpackte. Zu einer Wiederholung der Zeigerstellungen
kommt es nur deshalb, weil der Winkel, den der Zeiger
je Takt voranschreitet, ein rationaler Teil des Kreises ist, in
diesem Fall ein Sechzigstel. Wäre der Winkel dagegen ein
irrationaler Teil des Kreises, würde der Zeiger keinen Punkt
auf dem Kreis ein zweites Mal treffen. Er könnte bis in alle

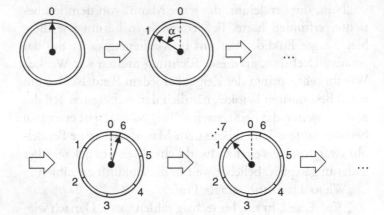

Abb. 4.1 Die ewige Uhr mit einem Schrittwinkel α, der ein irrationaler Teil des Kreises ist

Ewigkeit die Zeittakte zählen, ohne sich jemals zu wiederholen. Jeder Takt hätte einen eigenen Punkt auf dem Kreis. Weitere Zeiger wären damit überflüssig. Eine solche Uhr wäre wirklich eine *ewige Uhr*." (Abb. 4.1).

Jetzt hatte Prof verstanden, worauf Euklid hinauswollte. Der Zeiger würde nur dann nach n Schritten (für eine positive ganze Zahl n) auf seine Startposition zurückkehren, wenn das n-Fache des Schrittwinkels α 360° oder ein Vielfaches davon wäre, wenn also etwa $n \cdot \alpha = m \cdot 360°$ wäre (für eine positive ganze Zahl m), und dazu müsste $\alpha = \frac{m}{n} \cdot 360°$, also ein rationaler Teil des Kreises sein. Wäre α dagegen ein irrationaler Teil des Kreises, könnte der Zeiger niemals wieder seine Startposition und damit auch keine andere Position ein zweites Mal treffen.

„Nur dass ich das richtig verstehe", sagte Dio, „Ihre sogenannte ewige Uhr hat nur einen Zeiger und der läuft in
definierten Schritten immer im Kreis herum, aber weil der
Schrittwinkel so krumm ist, trifft er dabei niemals wieder
einen Punkt, auf dem er schon mal war?"

„Ganz genau", sagte Euklid, „genial, nicht wahr?"

„Das ist alles andere als genial", widersprach Dio. „Man
kann die Zeigerstellungen schon ab der zweiten Umdrehung
nicht mehr richtig von denen der ersten Umdrehung unterscheiden. Man kann überhaupt nichts Sinnvolles mehr auf
so einer Uhr ablesen."

„Darauf kommt es nicht an. Die ewige Uhr ist selbstverständlich nicht für die Praxis gedacht. Der Uhrenerfinder
erklärte mir auch, dass es unmöglich sei, eine solche Uhr
mit Zahnrädern zu konstruieren, da die endliche Anzahl
der Zähne immer einen Schrittwinkel bedinge, der ein rationaler Teil des Kreises sei. Er müsse daher erst über andere
Mechanismen zur Übertragung von Drehungen nachden-
ken. Aber auch darauf kommt es nicht an, es geht um das
Prinzip."

„Um welches Prinzip?"

„Dass alle Punkte auf dem Kreis, die der Zeiger bis in alle
Ewigkeit jemals treffen wird, verschieden sind."

„Und warum haben Sie uns diese Geschichte erzählt?",
fragte Dio.

„Sie ist noch nicht zu Ende", antwortete Euklid. „Nennen wir die Menge – und ich argumentiere jetzt auf der
Grundlage unseres beschlossenen Gesetzes – nennen wir also die Menge aller Punkte auf dem Kreis, die der Zeiger
treffen kann, den Ziffernkranz der Uhr, dann enthält der
Ziffernkranz der ursprünglichen Uhr sechzig Punkte, der

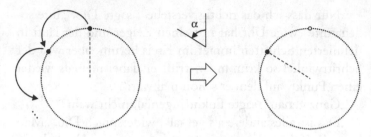

Abb. 4.2 Beim Drehen des Ziffernkranzes der ewigen Uhr um den Schrittwinkel α verschwindet scheinbar ein Punkt

Ziffernkranz der ewigen Uhr aber unendlich viele Punkte, die wir mit 0, 1, 2, 3 und so weiter bezeichnen können, wobei 0 der Startpunkt des Zeigers ist. Und was passiert, wenn man den Ziffernkranz der ewigen Uhr um den Schrittwinkel des Zeigers dreht? Es kommt der Ziffernkranz ohne den Punkt 0 heraus. Der Ziffernkranz ist kongruent zu einem Teil seiner selbst." (Abb. 4.2).

„Aber ich dachte, das sei absurd", sagte Dio irritiert.

„Dio, das ist wie bei dem Hilbert'schen Hotel, von dem uns Herr Cantor erzählt hat", sagte Prof, „nur dass die Hotelgäste hier Punkte auf dem Kreis sind. Dem Umzug der Gäste von Zimmer n in Zimmer $n+1$ entspricht hier die Drehung des Ziffernkranzes um den Schrittwinkel des Zeigers."

„Es ist absurd", sagte Euklid. „Da seht ihr, was passiert, wenn man Geometrie mit unendlichen Punktmengen macht."

„Ich finde nichts Schlimmes daran, wenn eine Punktmenge kongruent zu einem Teil ihrer selbst ist", sagte Prof. „Alles ist konform zu eurem Gesetz, zu den Axiomen der Mengenlehre. Es ist nichts logisch Widersprüchliches daran."

„Was soll denn das für ein Ding sein? Unendlich viele Punkte drängen sich auf dem Kreis wie ein diffuser Staub, der nicht zu fassen ist. Mit solchen Mengen sollte man keine Geometrie machen."

„Aber warum denn nicht?", fragte Prof. „Nur weil damit Dinge möglich werden, die in der elementaren Geometrie nicht gehen? Das macht die Geometrie mit Punktmengen doch gerade spannend."

„Das ist eine sinnlose Spielerei mit Dingen, die keine Bedeutung haben", sagte Euklid. „Soll ich euch sagen, wohin das führt? Ins Chaos." Er schnippte mit den Fingern und lag im nächsten Augenblick in Stücken auf dem Boden. Gliedmaßen, Kopf und Torso waren voneinander getrennt, so als wäre die Euklid-Statue gewaltsam vom Sockel gestoßen worden. Prof und Dio wichen erschrocken zurück. Die Bruchstellen der Euklidstücke ließen keine innere Struktur erkennen. Dieser Euklid muss doch aus einer Art Stein sein, dachte Prof und sah sich eines der abgetrennten Beine an der Bruchstelle genauer an. Das Material schien ein absolut homogenes Kontinuum zu sein. Euklids Kopf lag zu Dios Füßen und sprach weiter. „Wenn ihr es schafft, aus meinen Stücken zwei Euklids zusammenzusetzen, dann bin ich bereit, meine Geometrie zugunsten eurer Mengenlehre aufzugeben." Euklid wusste natürlich, dass das logisch unmöglich war.

„Es wäre schon möglich, Sie in endlich vielen Stücken zu zwei Euklids zusammenzusetzen", sagte Prof. „Allerdings dürften die Stücke dann nicht so einfach sein wie bei Ihrer jetzigen Zerlegung. Sie müssten sehr viel filigraner sein, nicht messbare Punktmengen eben."

„Nicht messbare Punktmengen? So etwas habe ich noch nie gesehen. Ich glaube auch nicht, dass es gesund wäre, sich in solche Teile zu zerlegen, selbst wenn es sie gäbe."

„Es gibt sie", sagte Prof. „Man kann beweisen, dass es sie gibt."

„Ach ja? Und wie soll das gehen?"

„Es ist eine Folge des Auswahlaxioms, dass es nicht messbare Punktmengen gibt. Leider ist das Auswahlaxiom nicht konstruktiv, sodass es uns nicht sagt, wie wir diese Punktmengen konkret wählen können."

„Was nützt es dir zu wissen, dass etwas existiert, wenn du es bei Bedarf nicht finden kannst?"

„Würde es Ihnen etwas ausmachen, wieder Ihre normale Gestalt anzunehmen?", fragte Dio dazwischen. „Es ist mir irgendwie unheimlich, Sie so verunstaltet zu sehen."

„Sehr gerne, ich fühle mich selbst etwas unbehaglich dabei", sagte Euklid, ließ die Finger eines abgeschlagenen Armes schnippen und stand wieder wohlgestaltet vor ihnen. „Was mich daran allerdings am meisten stört, ist durch diese Mengensubstruktur gehen zu müssen. Ich kann mich einfach nicht daran gewöhnen, dass hier alles aus Mengen besteht." Er inspizierte seine Gliedmaßen um sicherzugehen, dass alles wieder dort war, wo es hingehörte. „Das Auswahl-axiom", meinte er dann, „das ist doch auch nur einer dieser willkürlichen Beschlüsse der Mengentrickser, damit die mit ihren unendlichen Mengen Sachen anstellen können, die im Endlichen ohnehin selbstverständlich sind. Wenn ihr mich fragt, ich halte davon überhaupt nichts."

„Tut es Ihnen nicht weh, wenn Sie sich so zerstückeln?", wollte Dio wissen.

„Kaum, es ist wie ein kurzer Stich, aber solange es nicht zu viele Stücke sind, ist es völlig ungefährlich. Man darf es nur nicht übertreiben. Es ist schon vorgekommen, dass sich jemand so weit zerlegt hat, dass er die Stücke nicht mehr zusammenbekommen hat. Ein tragisches Schicksal."

„Wissen Sie etwas über das Verschwinden von Herrn Gödel?", fragte Prof.

„Nein, wie kommt ihr darauf? Hat er sich etwa auch zerlegt?"

„Wir wissen nicht, was mit ihm passiert ist, aber er scheint spurlos verschwunden zu sein. Der König hat deswegen den Krisenstab einberufen."

„Oh, dann muss es etwas Ernstes sein. Ermittelt ihr in dieser Angelegenheit?"

„Nein, wir sind eher zufällig da hineingeraten. Wir sind auf dem Weg zum Schloss. Kommen Sie doch mit, und wir gehen der Sache gemeinsam auf den Grund", schlug Prof vor.

„O nein", sagte Euklid, „in diesen Mengenlehresumpf werde ich mich garantiert nicht begeben. Das ist nichts für einen Geometer der alten Schule wie mich. Ich werde stattdessen wieder meinen Posten als Denkmal beziehen und an die gute alte Zeit erinnern."

Er kletterte zurück auf seinen Sockel, brachte sich in Pose und starrte im nächsten Augenblick wieder regungslos und weise in die Ferne. Prof und Dio folgten der rechten Abzweigung Richtung Schloss.

„Die Geschichte mit der ewigen Uhr muss ich mir merken", sagte Prof. „Vielleicht kann ich die irgendwann mal bei dir in der Kneipe anbringen."

„Bestimmt. Ist ja schon verrückt, so eine Punktmenge, von der etwas verschwindet, wenn man sie dreht", meinte Dio.

„Wieso? Wenn du sie zurückdrehst, ist doch alles wieder da."

„Klar, aber die Anschauung wird dabei ganz schön strapaziert."

„Ich könnte die Geschichte noch etwas ausbauen und unendlich viele Punkte verschwinden oder wieder erscheinen lassen."

„Auf einem Kreis?"

„Ja, oder auf einer Sphäre, zum Beispiel einer Planetenoberfläche. Was hältst du von folgender Idee: Auf einem kugelförmigen Planeten lebte einst das Volk der Ausdehnungslosen." Prof hatte übergangslos in seinen Geschichtenerzählmodus umgeschaltet. „Wie der Name schon vermuten lässt, hatte jeder Einzelne dieses Volkes keine räumliche Ausdehnung, bewohnte also jeweils nur einen Punkt auf der Planetenoberfläche, insgesamt bedeckte das Volk aber die gesamte Oberfläche. Die Ausdehnungslosen waren sehr gesellige Wesen und fühlten sich nur richtig wohl, wenn die gesamte Sphäre lückenlos von ihresgleichen besetzt war. Wenn sie auf Reisen gingen, taten sie das am liebsten in Form einer gemeinschaftlichen Drehung. Dazu wurden eine Drehachse durch den Planetenmittelpunkt und ein Drehwinkel festgelegt. Alle Ausdehnungslosen bewegten sich dann zugleich entsprechend der verabredeten Drehung, wobei nur die Bewohner der beiden Pole – dort, wo die Drehachse die Sphäre durchstieß – an Ort und Stelle blieben. Alle anderen bewegten sich um den festgelegten Drehwinkel auf ihrem Breitenkreis, was umso weiter war, je weiter der Breitenkreis vom nächstgelegenen Pol entfernt war. Zur Abwechslung wurde die Drehachse hin und wieder gewechselt, damit nicht immer dieselben Ausdehnungslosen Polbewohner waren. Was die Ausdehnungslosen an Drehungen so mochten, war, dass ihre Positionen relativ zueinander unverändert blieben, denn Drehungen sind ja Kongruenzabbildungen. Insbesondere hatte jeder Ausdehnungslose immer seine gewohnte Nachbarschaft um sich, und auch alle anderen Artgenossen befanden sich relativ dazu an vertrauter Stelle. Eines Tages wurden die Ausdehnungslosen jedoch vor ein Problem gestellt, das es erforderlich machte, von der gewohnten Art zu reisen abzuweichen. Es wurde notwendig, dass nur ein Teil des Volkes sich drehte und der Rest zu Hause blieb."

„Und was war das für ein Problem?", fragte Dio, seine Rolle als Stichwortgeber annehmend.

„Abzählbar viele Ausdehnungslose hatten beschlossen, den Planeten zu verlassen, um sich eine neue Heimat zu suchen."

„Warum das denn?"

„Das ist doch völlig egal, Dio."

„Man verlässt nicht einfach so, mir nichts, dir nichts, seinen Heimatplaneten, Prof. Wenn du eine Geschichte erzählen willst, muss die schon plausibel sein."

„Also, meinetwegen hatte es religiöse oder politische Gründe, aber das tut jetzt wirklich nichts zur Sache. Diese Abtrünnigen, wie sie genannt wurden, hinterließen schmerzliche Lücken in der sonst lückenlosen Besiedelung, ein Zustand, der von den daheim Gebliebenen nicht lange ertragen wurde. Man begann daher nach Wegen zu suchen, um die Lücken zu schließen. Grundsätzlich musste es dafür eine Lösung geben, denn das Volk der Ausdehnungslosen hatte, wie die Sphäre, die Mächtigkeit des Kontinuums, und daran hatte auch der Wegzug abzählbar vieler Artgenossen nichts geändert. Also musste es möglich sein, mit den daheim Gebliebenen die Sphäre wieder lückenlos zu besetzen. Aber wie sollte das konkret aussehen? Schließlich hinterließ jeder einzelne Ausdehnungslose, der in eine Lücke ging, zunächst einmal wieder eine neue Lücke. Außerdem waren die Ausdehnungslosen gewohnt, ausschließlich gemeinschaftliche Drehungen auszuführen."

„Was natürlich in diesem Fall nicht zielführend sein kann."

„Genau, denn gemeinschaftliche Drehungen würden die Lücken ja nur verrücken, aber nicht schließen. Tatsächlich gibt es aber eine Drehung, die alle Lücken auf einmal schließt. Allerdings darf sich dazu eben nur ein bestimmter Teil des Volkes drehen. Das Prinzip ist das gleiche wie beim Ziffernkranz der ewigen Uhr, bei dem durch geeignetes Drehen ein Punkt verschwinden oder bei umgekehrter Drehung wieder auftauchen kann. Dieses Prinzip wird nun bei abzählbar vielen Ziffernkränzen gleichzeitig angewandt."

„Und wo sollen hier die Ziffernkränze sein?"

„Zunächst muss man eine Drehachse durch den Planetenmittelpunkt finden, die nicht durch eine der Lücken geht. Das ist aber kein Problem, denn bei abzählbar vielen Lücken scheiden nur abzählbar viele Drehachsen aus. Das Kontinuum der Sphäre lässt aber überabzählbar viele Drehachsen zu, also auch welche, die nicht durch Lücken gehen. Jetzt stelle

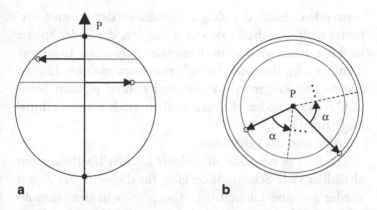

Abb. 4.3 Jede Lücke ist der Nullpunkt eines Ziffernkranzes der ewigen Uhr. Exemplarisch sind zwei Lücken abgebildet. **a** Ansicht von der Seite. **b** Ansicht von oben

dir zu jeder Lücke einen rechtwinklig an der Drehachse angebrachten Zeiger vor, der bis zur Oberfläche reicht und auf die Lücke zeigt. Die Zeiger sind demzufolge für Lücken in Polnähe kürzer als für Lücken in Äquatornähe. Wenn man diese gedachte Uhr in Gang setzt, schreiten alle abzählbar vielen Zeiger im Gleichschritt voran. Jeder Zeiger durchwandert dabei ausschließlich Punkte auf einem bestimmten Breitenkreis. Entscheidend ist aber, dass man den Schrittwinkel, mit dem alle Zeiger voranschreiten, so wählen kann, dass keiner der Zeiger jemals wieder auf eine Lücke trifft." (Abb. 4.3).

„Indem man einen möglichst krummen Winkel wählt."

„Besser gesagt, einen hinreichend krummen Winkel. Bei der ewigen Uhr, die Euklid uns gezeigt hat, konnte man irgendeinen irrationalen Teil des Kreises als Schrittwinkel

verwenden, damit der Zeiger niemals wieder seinen Startpunkt trifft. Bei abzählbar vielen Zeigern, die in der Sphäre
laufen, müssen wir aber noch etwas mehr fordern. Es könnte
nämlich sein, dass auf einem Breitenkreis mehrere Lücken
liegen. Die Zeiger sollen aber weder ihren eigenen Startpunkt, noch andere Lücken treffen, nachdem sie einmal
losgelaufen sind."

„Aha, und das geht immer?"

„Ja, weil es bei abzählbar vielen Lücken überhaupt nur
abzählbar viele Schrittwinkel gibt, für die einer der Zeiger
wieder auf eine Lücke trifft. Also gibt es in dem überabzählbaren Kontinuum zwischen 0 und 360° jede Menge
Schrittwinkel, für die keiner der Zeiger jemals wieder eine
Lücke trifft."

„Worauf willst du hinaus, Prof?"

„Zu jedem Zeiger gehört ein Ziffernkranz auf einem Breitenkreis der Sphäre mit Punkten 0, 1, 2, 3 und so weiter,
von denen alle bis auf den Startpunkt 0 bewohnt sind. Die
Lücke in Punkt 0 kann geschlossen werden, wenn alle Bewohner des Ziffernkranzes um eins zurückgehen, also von
1 nach 0, von 2 nach 1, von 3 nach 2 und so weiter. Das
ist eine Drehung um den Schrittwinkel des Uhrzeigers, nur
in umgekehrter Richtung. Wenn alle Bewohner aller Ziffernkränze auf diese Weise verfahren, werden alle Lücken
zugleich mit einer Drehung geschlossen."

„Prof, das kann nicht funktionieren."

„Wieso nicht?"

„Wenn ich das richtig verstehe, sind die Ausdehnungslosen, die die Drehung ausführen sollen, wild über die
Planetenoberfläche verstreut, richtig?"

„Ja, ihre Wohnorte bilden eine unzusammenhängend über die Sphäre verteilte Punktmenge."

„Ich frage mich nur, wie diese Ausdehnungslosen ihre Drehung ausführen sollen. Klettern sie über die Ausdehnungslosen in ihrer Nachbarschaft hinweg oder gehen sie durch sie hindurch?"

„Nun, am einfachsten ist es wohl, wenn wir annehmen, dass sie sich direkt vom Startpunkt zum Zielpunkt teleportieren, ohne die Punkte dazwischen einzunehmen. Das ist hier in Mathemagika ja offenbar eine übliche Art, sich durch den Raum zu bewegen."

„Prof, ich glaube, deine Geschichte ist noch nicht ganz ausgereift."

Prof war der festen Überzeugung, er habe sich das Volk der Ausdehnungslosen für seine Geschichte ausgedacht. Aber in diesem Punkt irrte er.

5
Das Volk der Ausdehnungslosen I

Der Chronik erster Teil

Die Anfänge

Ich berichte euch vom Volk der Ausdehnungslosen, jener Wesen, die Ort, aber keine Ausdehnung besitzen und die einst, als Mengen allgegenwärtig wurden, auf der Oberfläche eines kugelförmigen Planeten wohnten. Die Oberfläche des Planeten wurde *Sphäre* genannt. Ein jeder Punkt der Sphäre war der Wohnort genau eines Ausdehnungslosen, so war also die gesamte Sphäre lückenlos besiedelt. Da der Planet nicht rotierte, gab es keine natürliche Achse, keinen Nord- und keinen Südpol. Alle Punkte auf der Sphäre waren gleichberechtigt.

Die Ausdehnungslosen waren sehr gesellig und sehr reiselustig. Wenn sie auf Reisen gingen, taten sie das in Gemeinschaft, in der Art, dass ein jeder seine Position relativ zu jedem anderen behielt. Wisset außerdem, dass eine Reise der Ausdehnungslosen nicht das Zurücklegen eines Weges auf der Sphäre war, sondern ein unmittelbares Springen vom Ausgangspunkt zum Zielpunkt, ohne die Punkte dazwischen einzunehmen, sodass eine Reise bereits durch die Paarungen von Start- und Zielpunkten vollständig bestimmt war. So waren also jegliche Reisen im Ergebnis Drehungen um irgendwelche Achsen durch den Planetenmittelpunkt.

Wurden zwei Drehungen hintereinander ausgeführt, so gab es immer auch eine dritte Drehung, die man mit dem gleichen Ergebnis stattdessen hätte ausführen können und welche die Kombination der zweiten mit der ersten hieß. Hatten die erste und die zweite Drehung verschiedene Achsen, dann hatte die aus ihnen kombinierte Drehung im Allgemeinen eine Achse, die weder mit der Achse der ersten noch mit der Achse der zweiten Drehung übereinstimmte.

Zur Beachtung gebe ich, dass es bei der Kombination von Drehungen auf die Reihenfolge ankommt. So ist die Kombination der zweiten mit der ersten Drehung in der Regel eine andere als die Kombination der ersten mit der zweiten. Überlegt es euch, indem ihr einen Gegenstand zuerst um die waagerechte, dann um die senkrechte Achse jeweils um ein Viertel dreht und anschließend bei gleicher Ausgangslage die gleichen Drehungen in der anderen Reihenfolge ausführt.

Die Reisen der Ausdehnungslosen waren nicht nur beliebig kombinierbar, sondern auch stets umkehrbar. Zu jeder Drehung gab es eine zweite, welche anschließend ausgeführt wieder die Ausgangssituation herbeiführte und welche Gegendrehung oder Umkehrung der ersten Drehung hieß. Den Ausdehnungslosen waren die uneingeschränkte Kombinierbarkeit und Umkehrbarkeit ihrer Reisen wichtige Eigenschaften, denn dadurch war es ihnen immer möglich, unmittelbar mit einer einzigen Drehung nach Hause zu gelangen, gleich wie viele und welche Reisen sie zuvor unternommen hatten.

Akon und Bekon

Eines Tages kam auf der Sphäre ein König mit Namen Akon an die Macht, der verlangte, dass sein Volk sich fortan ausschließlich um die königliche Achse zu drehen habe, das war die Achse, welche verlief durch die königliche Residenz Akonpol. Akon gab auch eine Winkeleinheit für die Drehungen vor, es war dies der Winkel, der zu finden ist in einem ebenen rechtwinkligen Dreieck zwischen der Kathete mit der Länge 1 und der Hypotenuse mit der Länge 3 (Abb. 5.1a).

Von Amts wegen erlaubt und deswegen amtlich genannt waren nun alle Drehungen, die um ganze Vielfache der Winkeleinheit drehten, positive Vielfache zählten in östlicher Richtung, negative Vielfache in westlicher Richtung mit Akonpol als Nordpol. Die Vielfalt der Reisen war damit erheblich eingeschränkt, denn es gab nur noch eine erlaubte Achse und nur noch bestimmte erlaubte Drehwinkel. Dennoch waren Kombinationen amtlicher Drehungen wieder amtliche Drehungen und Umkehrungen amtlicher Drehungen wieder amtliche Drehungen.

Die von Akon gewählte Winkeleinheit war ein irrationaler Teil des Kreises, sodass verschiedene Vielfache auch zu verschiedenen Drehungen führten. Es gab also immerhin so viele amtliche Drehungen wie es ganze Zahlen gab, zu jeder ganzen Zahl eine, das waren abzählbar viele. Die Drehung zur Zahl 0 war eine besondere, denn sie ließ jeden Sphärenbewohner an dem Ort, wo er war. „Ist das überhaupt eine Drehung?", mögt ihr fragen. Ich sage, sie ist eine Drehung mit dem gleichen Recht, mit dem 0 eine ganze Zahl genannt wird. So zählte also die Nulldrehung oder *Identität*, wie sie auch genannt wurde, zu den amtlichen Drehungen.

Lange Zeit ertrug das Volk die Reisebeschränkungen unter der Regentschaft Akons ohne zu murren. Irgendwann aber braute sich am Äquator Widerstand zusammen. Die Bewohner dort waren es leid, bei Reisen immer die größten Entfernungen zurücklegen zu müssen. Zwar teleportierten sich die Ausdehnungslosen direkt vom Start zum Ziel, aber auch diese Art des Reisens verlangte eine umso größere Anstrengung, je größer die zu überwindende Entfernung war. Insofern waren die Bewohner der Äquatorregion stets im Nachteil gegenüber den Bewohnern der nördlicheren und der südlicheren Regionen.

Der Äquatorianer Bekon, einer der Anführer des Widerstands, proklamierte sich zum Gegenkönig und forderte, die königliche Achse durch seine Residenz Bekonpol zu legen und die amtlichen Drehungen neu zu definieren, sodass Bekonpol der Nordpol aller amtlichen Drehungen wäre. Jetzt gab es mit Akonpol und Bekonpol zwei konkurrierende Nordpole und damit zwei aufeinander senkrecht stehende königliche Achsen, um die sich das Volk zugleich hätte drehen müssen (Abb. 5.1b). Eine scheinbar ausweglose Situation, denn die einzige amtliche Drehung, die sowohl dem akonischen, als auch dem bekonischen Anspruch genügte, war die Identität. So blieb vorübergehend jeder an seinem Ort. Da Bekon eine immer größere Anhängerschaft gewann, konnte Akon ihn nicht mehr ignorieren. Es musste ein Kompromiss gefunden werden, der beiden Positionen gerecht wurde. Außerdem sollten die uneingeschränkte Kombinierbarkeit und Umkehrbarkeit amtlicher Reisen erhalten bleiben.

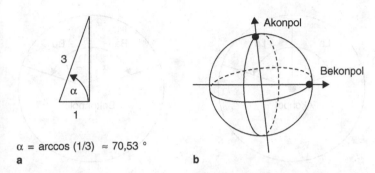

$\alpha = \arccos (1/3) \approx 70{,}53\ °$

a   b

Abb. 5.1 **a** Winkeleinheit α für amtliche Drehungen. **b** Planet der Ausdehnungslosen mit den königlichen Residenzen Akonpol und Bekonpol

Die Vereinigung zweier Systeme

Nach zähen Verhandlungen zwischen den Anhängern Akons und den Anhängern Bekons fand man folgende Lösung: Als amtlich galt fortan jede beliebige Kombination aus amtlichen Drehungen des akonischen und des bekonischen Systems. Der Kompromiss wurde überall im Volke wohlwollend aufgenommen, denn er brachte eine Fülle neuer möglicher Reisen, die alle wieder Drehungen waren, und zwar auch solche um andere Achsen als die beiden königlichen Achsen. Die möglichen Pole, das waren die Punkte, an denen die möglichen Achsen die Sphäre durchstießen, waren über die Sphäre verteilt, und so musste jeder Ausdehnungslose das eine Mal längere, das andere Mal kürzere Entfernungen zurücklegen. So fühlte sich niemand mehr im Nachteil.

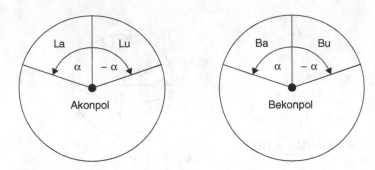

Abb. 5.2 Die amtlichen Basisdrehungen La, Lu, Ba und Bu

Die Beamten machten sich daran, ein Register der neuen amtlichen Drehungen zu erstellen. Sie nannten die Drehung um eine Winkeleinheit akonisch östlich La und die um eine Winkeleinheit akonisch westlich Lu. Die Drehung um eine Winkeleinheit bekonisch östlich aber nannten sie Ba und die um eine Winkeleinheit bekonisch westlich Bu (Abb. 5.2). Jede Kombination aus diesen Drehungen nannten sie entsprechend, aber so achtet darauf, durch Reihung der Namen von rechts nach links. Die Drehung Ba-Lu war also jene, welche zum gleichen Ergebnis führte, als wäre zuerst Lu und dann Ba ausgeführt worden.

Wie sah nun also das Register aus? Ihr werdet bemerkt haben, dass es nicht erforderlich ist, jede beliebige Reihung von La, Lu, Ba oder Bu aufzunehmen, um ein vollständiges Register aller amtlichen Drehungen zu erhalten. Denn gehst du eine Winkeleinheit nach Osten und anschließend eine Winkeleinheit nach Westen oder tust dies in umgekehrter Reihenfolge, so ist es im Ergebnis so, als wärst du überhaupt nicht gegangen. Da La die Umkehrung ist von

Lu sowie Ba die Umkehrung ist von Bu, können jegliche Namen im Register entfallen, die nicht *reduziert* sind, das sind also solche Namen, in denen La und Lu oder Ba und Bu nebeneinander auftreten.

So enthielt das vollständige Namensregister aller amtlichen Drehungen als obersten Eintrag die Identität, denn auch diese war weiterhin amtlich, und danach alle reduzierten Namen aus Teilen, welche La, Lu, Ba oder Bu sein konnten. Das waren abzählbar viele Namen, denn du kannst die Namen der Länge nach sortieren und bei gleicher Länge alphabetisch. Und so geschah es im Register.

Das Namensregister der amtlichen Drehungen war aber nicht nur vollständig, es war auch redundanzfrei. Verschiedene Namenseinträge im Register bezeichneten also verschiedene Drehungen. Dies aber ergab sich aus der von Akon gewählten Winkeleinheit, welche auch für das vereinigte System galt.

Die Beamten wurden im Rechnen mit amtlichen Drehungen folgendermaßen unterrichtet:

Der Name einer kombinierten Drehung ergibt sich durch Reihung der Namen von rechts nach links entsprechend der Ausführungsreihenfolge. So kann es aber vorkommen, dass eine solche Namensreihung nicht reduziert ist, sodass du sie also noch reduzieren musst, um den reduzierten Namen zu erhalten. Reduzieren aber geschieht dadurch, dass du jegliche Bestandteile La-Lu, Lu-La, Ba-Bu oder Bu-Ba aus dem Namen entfernst. Führst du, um ein Beispiel zu bringen, Ba-Lu nach La-Ba aus, so ist die kombinierte Drehung Ba-Lu-La-Ba, reduziert also Ba-Ba. Unter diesem Namen findest du die kombinierte Drehung im

Register der amtlichen Drehungen. Bleibt beim Reduzieren eines Namens nichts übrig, so ist das Ergebnis aber die Identität. Das wird immer dann der Fall sein, wenn du eine Drehung mit ihrer Gegendrehung kombinierst.

Du erhältst den Namen der Gegendrehung zu einer gegebenen Drehung, indem du jeden Bestandteil des Namens ersetzt, und zwar La durch Lu, Lu durch La, Ba durch Bu und Bu durch Ba, und diese Bestandteile in umgekehrter Reihenfolge nimmst. Um abermals ein Beispiel zu bringen: Du findest die Gegendrehung zu Ba-Ba-Lu, indem du die Bestandteile wie beschrieben ersetzt, das ergibt Bu-Bu-La, und diese in umgekehrter Reihenfolge nimmst, das ergibt La-Bu-Bu. Dies also ist die Gegendrehung zu Ba-Ba-Lu.

Willst du die Probe rechnen, so kombiniere die beiden Drehungen, und du musst als Ergebnis die Identität erhalten, weil die eine die Gegendrehung der anderen ist. Reihe also die Namen der beiden Drehungen zu Ba-Ba-Lu-La-Bu-Bu, reduziere in der Mitte zu Ba-Ba-Bu-Bu, reduziere abermals in der Mitte zu Ba-Bu und reduziere schließlich zur Identität.

Die Entstehung des Adels

Die Vielfalt an amtlichen Drehungen, welche die Vereinigung des akonischen und des bekonischen Systems mit sich brachte, führte zur Herausbildung eines neuen Standes: des Adels. Jede amtliche Drehung, außer der Identität, war wieder eine Drehung um eine bestimmte Achse durch den Planetenmittelpunkt. Daher gab es zu jeder solchen Drehung genau zwei Sphärenpunkte, die auf der Achse lagen und welche die Pole der Drehung genannt wurden. Dieser Umstand machte die Polbewohner in gewisser Hinsicht den Königen ähnlich, denn sie konnten sich, ebenso wie die Könige, bei bestimmten amtlichen Drehungen als Nabel der Welt fühlen. Diese Ausdehnungslosen wurden in den Adelsstand erhoben. An der Spitze des Adels standen die Könige Akon und Bekon. Wie viele Adelige gab es? Da es nur abzählbar viele amtliche Drehungen mit jeweils zwei Polen gab, konnte es höchstens zweimal abzählbar, also wieder abzählbar viele Adelige geben. Die übrigen Ausdehnungslosen wurden nun Bürgerliche genannt.

Die Zeit der Orbitgründungen

Nachdem sich der Adel etabliert hatte, wurde die Sphäre in amtliche Verwaltungseinheiten, sogenannte *Orbits*, aufgeteilt. Zu einem Orbit gehörten alle Sphärenpunkte, die amtlich miteinander verbunden waren, das bedeutete, dass es eine amtliche Drehung gab, die von einem Punkt zum anderen führte. Jeder Punkt der Sphäre gehörte zu genau einem Orbit, bestehend aus denjenigen Punkten, die man von dort durch eine amtliche Drehung erreichen konnte. So war also tatsächlich die gesamte Sphäre ohne Überschneidungen in Orbits aufgeteilt.

Angesichts der Bedeutung amtlicher Drehungen für das gesellschaftliche Leben der Ausdehnungslosen lag es nahe, die Verwaltungseinheiten nach der Maßgabe der amtlichen Drehungen, eben als Orbits, zu definieren. Die Orbits waren unter allen amtlichen Drehungen stabil. Das bedeutete: Führte das gesamte Volk eine amtliche Drehung aus, dann tauschten innerhalb jedes Orbits die Bewohner lediglich untereinander ihre Plätze. Kein Ausdehnungsloser ging von einem Orbit in einen anderen.

Die Beamten machten sich sogleich wieder daran, ein Register der Punkte innerhalb eines Orbits zu erstellen. Dies sollte in allen Orbits nach dem gleichen Schema geschehen. In jedem Orbit wurde ein Bewohner zum Orbitmeister ernannt. Sein Wohnort wurde Pe genannt. Die Namen aller anderen Orte im Orbit wurden gebildet, indem man Pe den reduzierten Namen der amtlichen Drehung voranstellte, die von Pe dorthin führte. Der Ort Ba-Ba-Lu-Pe war also derjenige Ort, an den man von Pe aus durch die Drehung Ba-Ba-Lu gebracht wurde. Jeder Ort trug so gewissermaßen eine Wegbeschreibung im Namen. Ba-Ba-Lu-Pe hieß von Pe aus erst eine Winkeleinheit akonisch westlich (das bedeutet Lu) und dann zwei Winkeleinheiten bekonisch östlich (das bedeutet Ba-Ba). Solange man sich innerhalb eines Orbits bewegte, konnte man sich an den Ortsnamen orientieren. Wollte man wissen, wohin man durch eine bestimmte amtliche Drehung geführt wurde, musste man einfach den Namen der Drehung dem Namen des Startpunktes voranstellen und falls möglich reduzieren. War man etwa in Ba-La-Pe und wollte wissen, wohin man mit der Drehung Bu kam, so setzte man Bu und Ba-La-Pe zu Bu-Ba-La-Pe zusammen und reduzierte zu La-Pe. Das war also der Zielort der Reise.

Weitere Untersuchungen der Beamten zeigten, dass es innerhalb der Orbits keine Vermischung der Stände gab. In jedem Orbit lebten entweder ausschließlich Adelige oder ausschließlich Bürgerliche. Orbits waren also entweder rein adelig oder rein bürgerlich. Außerdem stellte sich heraus, dass in den adeligen Orbits jeder Ort mehrere Namen hatte, während in bürgerlichen Orbits jeder Ort nur einen einzigen Namen hatte. Das lag darin begründet, dass es in adeligen Orbits zu zwei Orbitpunkten stets mehrere amtliche Drehungen gab, die vom ersten zum zweiten führten, während es in bürgerlichen Orbits immer genau eine war. Das von den Beamten erstellte allgemeine Register der Ortsnamen war also nur für die bürgerlichen Orbits redundanzfrei. Bezogen auf adelige Orbits kamen dieselben Orte mehrfach unter verschiedenen Namen vor.

Das Aufbegehren des Bürgertums

Es ist nicht zu leugnen, dass sich bei den Adeligen mit der Zeit ein gewisser Standesdünkel herausbildete. So gaben die Adeligen ihrer Heimat, also der Vereinigung aller adeligen Orbits, den hochtrabenden Namen Aristokratien, während sie den Rest der Sphäre etwas herablassend Bürgerland nannten. Da es nur abzählbar viele Adelige gab, war Aristokratien eine abzählbare Punktmenge und fiel flächenmäßig nicht ins Gewicht. Bürgerland dagegen war kontinuumsmächtig und machte die gesamte Fläche der Sphäre aus.

Trotzdem nahm sich der Adel das Recht heraus, allein zu entscheiden, welche Drehungen das Volk auszuführen hatte. Eine abzählbare Adelsclique dominierte also das überabzählbare Bürgertum. Dieses Missverhältnis zwischen Macht und Mächtigkeit war der Keim für neue politische Unruhen im Volk der Ausdehnungslosen. „Keine Macht ohne Fläche" war eine der Parolen der Aufständischen, denn das abzählbare Aristokratien hatte den Flächeninhalt 0, während das Bürgertum den gesamten Rest der Sphäre bewohnte.

Vorübergehender Triumph des Adels

Erfahret nun, wie es der Adel mit einer spitzfindigen, aber äußerst perfiden Argumentation schaffte, der drohenden Revolution vorübergehend den Wind aus den Segeln zu nehmen. Der Adelige Hado bewies den Bürgerlichen kurzerhand, dass ihre Heimat Bürgerland ebenfalls den Flächeninhalt 0 hatte und sie daher aus dem von ihnen bewohnten Flächenanteil keinen Mitbestimmungsanspruch ableiten konnten.

Hado argumentierte folgendermaßen: Man zerlege Bürgerland in fünf Teile: Penien, Lanien, Lunien, Banien und Bunien. Alle Orte mit dem Namen Pe, das ist in jedem Orbit genau einer, schlage man Penien zu, die übrigen Orte entweder Lanien, Lunien, Banien oder Bunien, abhängig davon, ob ihr Name mit La, Lu, Ba oder Bu anfängt. Da in bürgerlichen Orbits jeder Ort genau einen Namen hat, ist diese Aufteilung wohldefiniert. Die Einwohner Peniens sind also die Orbitmeister. Die Einwohner der anderen Landesteile nenne man Lanier, Lunier, Banier oder Bunier, je nachdem, in welchem Landesteil sie wohnen.

In einem ersten Gedankenexperiment lasse man das Volk die Drehung La ausführen. In jedem bürgerlichen Orbit passiert dann das Folgende: Die Lanier, Banier, Bunier sowie der Orbitmeister gehen auf Orte in Lanien, denn zur Ermittlung ihres Zielortes stellen sie dem Namen ihres Heimatortes ein La voran, ohne dass anschließend reduziert werden müsste. Ihre Zielorte liegen also sämtlich in Lanien. Die Lunier dagegen breiten sich durch die Drehung La über ganz Lunien, Banien, Bunien und Penien aus, weil das vorangestellte La auf das führende Lu in ihren Heimatortnamen trifft und durch das anschließende Reduzieren als Zielortname jeweils das übrigbleibt, was zuvor hinter dem Lu stand. Gemäß Namensregister der Orbitpunkte kann das Pe oder jeder mit Lu, Ba oder Bu beginnende Ortsname sein. Lediglich die mit La beginnenden Ortsnamen scheiden aus, weil die Kombination Lu-La in den Ortsnamen nicht vorkommt. Daher sind die Ziele der Lunier alle Orte in Lunien, Banien, Bunien und Penien (Abb. 5.3a).

Der Flächeninhalt einer Punktmenge kann sich durch eine Drehung nicht ändern. Da die Lunier vor der Drehung Lunien besetzen und nach der Drehung zusätzlich zu Lunien noch Banien, Bunien und Penien, ist Lunien genauso groß wie Lunien, Banien, Bunien und Penien zusammen. Das geht nur, wenn die hinzugekommenen Teile Banien, Bunien und Penien zusammen und damit auch jeder einzelne dieser Teile den Flächeninhalt 0 haben. Damit sind schon drei der Landesteile Bürgerlands flächenmäßig bedeutungslos geworden.

In einem zweiten Gedankenexperiment lasse man das Volk, statt der Drehung La, die Drehung Ba ausführen. Ganz analog zu den Überlegungen von eben gehen nun in jedem Orbit die Banier, Lanier, Lunier und der Orbitmeister nach Banien, weil sie dem Namen ihres Heimatortes ein Ba voranstellen, ohne reduzieren zu müssen. Die Bunier dagegen breiten sich auf Bunien, Lanien, Lunien und Penien aus, weil das vorangestellte Ba das führende Bu im Namen ihres Heimatortes tilgt und insgesamt die Namen aller Orte aus Bunien, Lanien, Lunien und Penien herauskommen (Abb. 5.3b). Bunien muss also genauso groß sein wie Bunien, Lanien, Lunien und Penien zusammen. Daher

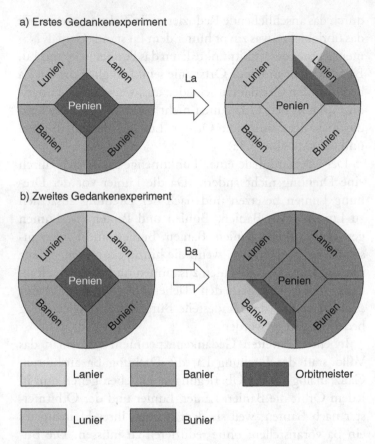

Abb. 5.3 Hados Gedankenexperimente. Die dargestellten Flächen sind symbolisch. Tatsächlich sind die Landesteile unmessbare Punktmengen

müssen Lanien, Lunien und Penien zusammen und somit jeder einzelne dieser Teile den Flächeninhalt 0 haben.

Nimmt man die Ergebnisse beider Gedankenexperimente zusammen, ergibt sich, dass alle fünf Landesteile Bürgerlands und damit auch Bürgerland insgesamt den Flächeninhalt 0 haben.

Ausbruch der Revolution

Nun werdet ihr fragen, wo ist aber der Fehler in Hados Argumentation? Denn andererseits trägt doch Bürgerland den gesamten Flächeninhalt der Sphäre, und dieser ist ohne Zweifel größer als 0.

Es dauerte eine Weile, bis die Bürgerlichen Hado auf die Schliche kamen. Die Lösung des Paradoxons bestand darin zu folgern, dass nicht allen Landesteilen, in die Hado Bürgerland zerlegt hatte, ein Flächeninhalt zugeschrieben werden konnte, sondern dass unmessbare unter ihnen waren. Insbesondere konnten diese unmessbaren Landesteile keine zusammenhängenden Flächenstücke sein. Vielmehr bestanden sie aus überabzählbar vielen Punkten, die unzusammenhängend über die Sphäre verteilt waren. Was Hado also in Wahrheit gezeigt hatte, war nicht, dass Bürgerland die Fläche 0 hatte, sondern dass es unmessbare Teile der Sphäre gab.

Nachdem Hados Finte entlarvt worden war, war die Revolution nicht mehr aufzuhalten. Die Bürgerlichen schüttelten das Joch der Bevormundung durch den Adel ab und entschieden nun selbst darüber, welche Drehungen sie ausführen wollten. Erstmals in der Geschichte der Ausdehnungslosen war das Volk in zwei Teile zerfallen, die unabhängig voneinander über die Sphäre reisten. Da weiterhin amtliche Drehungen verwendet wurden, kamen sich die Adeligen und die Bürgerlichen dabei nicht in die Quere, denn die Orbits waren entweder bürgerlich oder adelig, und die Orbits waren stabil unter amtlichen Drehungen.

Die Vorbereitung der Koloniegründungen: Plan A

Hados Gedankenexperimente hatten jedoch eine bedeutsame Konsequenz, indem sie das Kolonialzeitalter vorbereiteten und so das Volk wieder auf sphärenweit abgestimmte Reisen einschworen. Wieder waren es Beamte, die die entscheidenden Überlegungen anstellten. Gäbe es einen zweiten Planeten von exakt der gleichen Form und Größe wie ihr Heimatplanet und würden die Oberflächen dieser Planeten zur Unterscheidung nun Sphäre 1 und Sphäre 2 genannt, so könnten die Ausdehnungslosen beide Sphären besiedeln und dabei ihre Siedlungsfläche verdoppeln. Das Volk brauchte sich dazu nur in sehr wenige Stämme aufzuteilen, und jeder der Stämme könnte in gewohnter Weise gemeinschaftliche Reisen unternehmen, also in der Art, dass jeder Ausdehnungslose seine Position relativ zu jedem anderen Mitglied seines Stammes behielte. Neben den amtlichen Drehungen müsste allerdings auch eine Verschiebung Ta ins Reiseprogramm aufgenommen werden, um auf den anderen Planeten übersiedeln zu können.

Der erste Plan, den die Beamten zur Besiedelung der beiden Sphären ausarbeiteten und der später Plan A genannt wurde, betrachtete allein Bürgerland. Das war nichts Geringes, denn Bürgerland machte bekanntlich den gesamten Flächeninhalt der Sphäre aus. Plan A hatte aber, neben der

Vernachlässigung Aristokratiens, noch einen weiteren Mangel: Er funktionierte nur unter der Annahme, dass Penien auf Sphäre 1 unbewohnt war, dass also die Orbitmeister zuvor auf rätselhafte Weise verschwanden. Unter dieser Prämisse funktionierte Plan A so (Abb. 5.4):

> Die Bunier führen die Bewegung Ta-Ba aus. Gemäß Hados zweitem Gedankenexperiment breiten sie sich durch Ba über Bunien, Lanien, Lunien und Penien aus, durch die Kombination mit der Verschiebung Ta geschieht dies aber nicht auf Sphäre 1, sondern auf Sphäre 2. Die Banier siedeln mit der Verschiebung Ta auf Sphäre 2 über und besetzen dort Banien, zusammen mit den Buniern also das gesamte Bürgerland. Die Lunier auf Sphäre 1 führen die Drehung La aus und breiten sich gemäß Hados erstem Gedankenexperiment über ganz Lunien, Banien, Bunien und Penien aus. Zusammen mit den daheim gebliebenen Laniern besetzen sie also auf Sphäre 1 das gesamte Bürgerland. Damit ist auf beiden Sphären Bürgerland vollständig besetzt und die Siedlungsfläche verdoppelt. Es geschieht dies allein durch Drehungen und Verschiebungen von vier Stämmen.

Die Vorbereitung der Koloniegründungen: Plan B

Damit ein Plan für die Verdopplung der Sphäre taugte, musste er auch die Orbitmeister und die Adeligen in geeigneter Weise berücksichtigen. Plan A lieferte in einer Hinsicht zu viel (die Orbitmeister waren übrig), in anderer Hinsicht zu wenig (auf Sphäre 2 blieb Aristokratien

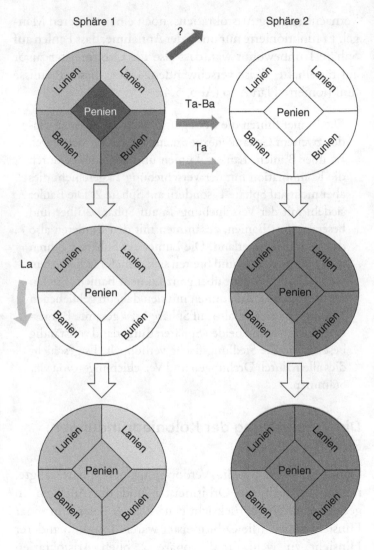

Abb. 5.4 Plan A zur Verdopplung Bürgerlands. Banier und Bunier besetzen *Sphäre 2*, Lanier und Lunier *Sphäre 1*. Die Orbitmeister werden nicht gebraucht

unbesetzt). Das Zuviel einerseits passte aber nicht mit dem Zuwenig andererseits zusammen. Daher mussten zwei voneinander unabhängige Modifikationen vorgenommen werden, die jeweils einen der Mängel beseitigten.

Dass Plan A das Verschwinden der Orbitmeister voraussetzen musste, lag daran, dass sich die Lunier durch die vorgesehene Drehung La auf Lunien, Banien, Bunien *und Penien* ausbreiteten und daher Penien vorher unbewohnt sein musste.

Wollte man die Orbitmeister auf Sphäre 1 belassen, musste man dafür sorgen, dass Penien bei der Ausbreitung der Lunier ausgespart blieb. Das bedeutete, alle Lunier, die durch die Drehung La nach Penien gehen würden, sowie alle, die in ihrem Gefolge nachrücken würden, durften die Drehung La nicht mitmachen. Aber welche Lunier waren das?

In jedem Orbit ginge durch die Drehung La der Bewohner von Lu-Pe nach Pe, der Bewohner von Lu-Lu-Pe nach Lu-Pe, der Bewohner von Lu-Lu-Lu-Pe nach Lu-Lu-Pe und so fort, denn die Drehung La tilgte das führende Lu im Ortsnamen. Also waren die Lunier, welche die Drehung La nicht mitmachen durften, genau die Bewohner solcher Orte, die vor dem Pe ausschließlich eine beliebige Wiederholung von Lu im Namen trugen, das waren also die Bewohner von Lu-Pe, Lu-Lu-Pe, Lu-Lu-Lu-Pe und so fort. Diese mussten als Abordnung der Lunier dem Stamm zugeschlagen werden, der an Ort und Stelle blieb und der bislang nur aus den Laniern bestand. Die Adeligen wurden ebenfalls diesem Stamm zugeordnet und blieben so in Aristokratien auf Sphäre 1. So wurde mit dieser modifizierten Stammesaufteilung Sphäre 1 lückenlos besetzt.

Tab. 5.1 Plan B zur Verdopplung der Sphäre

Stamm	Mitglieder	Reise
I	Orbitmeister, Lanier, Lunier-Abordnung und Adelige	Identität
II	Lunier ohne die Abordnung für Stamm I	La
III	Spezial-Banier	So-Ta
IV	Normal-Banier	Ta
V	Spezial-Bunier	So-Ta-Ba
VI	Normal-Bunier	Ta-Ba

Nur das abzählbare Aristokratien auf Sphäre 2 blieb so noch unbesetzt. Wie gleich geschildert wird, ist es aber immer möglich, abzählbar viele Lücken auf einer Sphäre zu schließen, indem sich die Menge der Sphärenbewohner in geeigneter Weise teilt und der eine Teil eine bestimmte Drehung ausführt.

(*Es folgte in der Chronik eine Beschreibung des Vorgehens, das Prof in seiner Geschichte über die Ausdehnungslosen dargelegt hatte.*)

So musste also auf Sphäre 2 ein Teil der Ausdehnungslosen einen Spezialauftrag erhalten, der eben in dieser zusätzlichen Drehung bestand, die wir So nennen wollen. Da dieser Teil sich aus Baniern und Buniern zusammensetzte, mussten sich die Banier und Bunier jeweils noch einmal in zwei Stämme aufteilen, nämlich jeweils solche mit Spezialauftrag, genannt Spezial-Banier respektive Spezial-Bunier, und solche ohne Spezialauftrag, genannt Normal-Banier respektive Normal-Bunier. Insgesamt waren also sechs Stämme an der Besiedelung der beiden Sphären beteiligt. Die Zusammensetzung der Stämme und ihre Reisen nach dem neuen Plan B findet sich in Tab. 5.1.

Dieser Plan machte aus einer lückenlos besiedelten Sphäre zwei lückenlos besiedelte Sphären eben derselben Größe wie die Ursphäre, allein durch Verschiebungen und Drehungen von sechs Stämmen.

6
Die Schlange

„Meinst du, dass wir noch richtig sind?", fragte Dio.

„Klar, wieso fragst du?", antwortete Prof.

„Hätte nicht langsam mal wieder ein Schild kommen müssen?"

„Nein. Solange wir geradeaus gehen müssen, muss es auch keine Schilder geben. Ist doch logisch."

„Ich hoffe, du hast Recht." Dio bekam langsam Hunger. Besser gesagt hatte er mittlerweile richtigen Kohldampf. Seine letzte Mahlzeit lag Stunden zurück, und die frische Luft machte ihn hungrig. Instinktiv suchte er die Büsche und Bäume nach essbaren Früchten ab. Es fand sich aber nichts. Er versuchte noch einmal mit äußerster Konzentration, sich einen Hotdog herbeizuschnippen – ohne Erfolg. Vielleicht, so dachte er, gab es in Mathemagika einfach keine Hotdogs, also versuchte er es nacheinander mit einem Döner, einem Cheeseburger und einem Matjesbrötchen. Nichts passierte. Selbst sein letzter verzweifelter Versuch, sich einen rohen Kohlrabi herbeizuschnippen, schlug fehl.

„Was machst du denn da? Was soll das dämliche Geschnippe?", fragte Prof.

„Ich habe Hunger, verdammt nochmal", gab Dio zurück, „aber dieser blöde Schnipptrick funktioniert bei mir einfach nicht."

„Wie kannst du nur dauernd ans Essen denken? Ich könnte jetzt keinen Bissen herunterkriegen."

Dio hatte nicht nur Hunger, ihm schwanden auch allmählich die Kräfte. Zu Hause war es jetzt mitten in der Nacht, und wenn nicht diese verrückte Sache in seiner Kneipe passiert wäre, würde er längst friedlich in seinem Bett schlafen. Er unterdrückte ein Gähnen. Wie konnte Prof noch so fit sein? Das Bewusstsein, sich leibhaftig durch das Mengenuniversum zu bewegen, wirkte auf ihn offenbar wie pures Adrenalin. Dio hatte Mühe, mit ihm Schritt zu halten. Der Weg führte sie an einer kleinen Lichtung vorbei.

„Hey, sind das da Äpfel an dem Baum?", fragte Prof. „Hat dein Geschnippe am Ende doch was bewirkt?"

„Kann nicht sein, ich habe mir keine Äpfel gewünscht", wiegelte Dio ab, noch bevor er Profs Blick folgte. Der Baum in der Mitte der Lichtung hing tatsächlich voller reifer Äpfel. „Wir sind gerettet", rief Dio und rannte los. Am Baum angekommen streckte er seine Hand nach einem der tiefer hängenden Äpfel aus. Gerade als er zugreifen wollte, schob sich der Kopf einer Schlange in sein Gesichtsfeld.

„Seid ihr auf der Suche nach der Wahrheit?", fragte die Schlange mit Vertrauen erheischendem Grinsen. Ein dünnes Häutchen wischte über ihre Augäpfel, die so glatt und glänzend waren, dass Dio sein Spiegelbild darin sah.

„Eigentlich haben wir eher Hunger", antwortete Dio.

„Sehr interessant", sagte die Schlange und züngelte, während sie Dio weiterhin fixierte.

„Ach ja? Ich finde das ganz normal", sagte Dio.

„Mit euch stimmt etwas nicht", diagnostizierte die Schlange. „Ihr seid nicht wie die anderen hier, so viel steht fest. Eure Körper sind dabei zu verfallen, das kann ich eindeutig erkennen. Ihr bedauernswerten Geschöpfe seid sterblich."

„Natürlich sind wir sterblich", sagte Dio. „Mein Freund und ich kommen aus der Welt der Erscheinungen, und wir sind schon ziemlich lange unterwegs. Du hast doch nichts dagegen, wenn wir uns ein paar Äpfel nehmen?"

„Ganz im Gegenteil", säuselte die Schlange, „kostet die Früchte von diesem Baum, und euch werden die Augen aufgetan."

„Vorsicht, Dio", warnte Prof, der inzwischen neben seinem Freund stand, „ich glaube, wir sollten doch lieber verzichten. Kommt dir die Geschichte nicht bekannt vor?"

„Du meinst, das ist dieselbe Schlange, die damals Adam und Eva aufs Kreuz gelegt hat?"

„Das nicht, aber die Parallele ist doch unübersehbar, oder? Es hat bestimmt unliebsame Folgen, wenn wir von den Früchten essen."

„Aber ganz und gar nicht", beteuerte die Schlange, „ich führe bestimmt nichts Böses im Schilde, im Gegenteil, ich will euer Bestes. Wenn ihr von den Früchten dieses Baumes esst, werden euch die Augen aufgetan. Ja, ihr werdet Mathemagika nicht richtig kennenlernen, wenn ihr nicht von den Früchten esst."

Die Schlange hatte den richtigen Hebel gefunden. Prof wollte Mathemagika auf jeden Fall kennenlernen und fragte sich bereits, was er wohl sehen würde, wenn er eine dieser Früchte äße. Andererseits durfte man der Schlange keinesfalls trauen, oder etwa doch? Profs Misstrauen geriet ins

Wanken. Dio trieben ganz andere Gedanken um. Er hatte einfach nur Hunger, und darum war er bereit, ein gewisses Risiko einzugehen. „Schlimmstenfalls werden wir aus Mathemagika vertrieben und müssen wieder in die wirkliche Welt zurück", meinte er und pflückte einen Apfel vom Baum.

„Warte", sagte Prof und hielt Dio im letzten Moment davon ab, in den Apfel zu beißen. „Was passiert genau, wenn wir von den Äpfeln essen?"

„Dies ist der Baum der Erkenntnis. Ihr würdet also die Dinge sehen, wie sie wirklich sind, und das zu einem lächerlich geringen Preis."

„Zu welchem Preis?"

„Ihr würdet ein Teil von Mathemagika und dadurch würdet Ihr natürlich unsterblich."

„Würden wir auch diesen Schnipptrick beherrschen?", fragte Dio.

„Mit etwas Übung sicherlich", sagte die Schlange.

Prof hatte Dios Frage gar nicht wahrgenommen und suchte nach dem Haken bei der Sache. Schließlich würde man Unsterblichkeit doch wohl eher als Geschenk bezeichnen, denn als Preis, der zu zahlen ist. Unsterblich, du meine Güte! Sollte es so einfach sein? Einen Apfel essen und dem Sensenmann ein Schnippchen schlagen?

„Würde die Wirkung anhalten, wenn wir wieder in unsere Welt zurückkehren?", fragte er.

„Ihr könntet niemals mehr zurückkehren", sagte die Schlange. „Ihr würdet unumkehrbar ein Teil von Mathemagika, eine Idee in unserem Ideenreich, eine Menge in unserem Mengenuniversum. Ihr würdet dem Pakt von Mathemagika beitreten."

Dio ließ vor Schreck den Apfel fallen. Das war also der Haken, entweder zurück in die materielle Welt gehen, um in einigen Jahrzehnten zu sterben, oder unsterblich auf ewig in Mathemagika bleiben. Das war die Entscheidung, die zu treffen war. Der Fisch, dachte Prof. Cantor hatte einen Fisch in Dios Kneipe geworfen und der hatte offenbar keinen Schaden genommen. Allerdings wusste Prof nicht, ob das von Dauer war. Vielleicht hatte sich der Fisch inzwischen in Nichts aufgelöst. Außerdem war der Fisch bereits vorher tot gewesen und kein lebendes, denkendes Wesen. Auf jeden Fall bestand ein Risiko, das Prof nicht leichtfertig eingehen wollte.

Andererseits: Was wäre, wenn er sich tatsächlich entschlösse, für immer in Mathemagika zu bleiben? War es nicht das, was er sich immer erträumt hatte, in einer Welt der Wahrheit und Weisheit zu leben? Und dann noch unsterblich sein. Prof begann, sich zu überlegen, was er auf der anderen Seite alles aufgeben müsste. Die Uni? Die konnte ihm nicht annähernd das bieten, was er hier fand. In Mathemagika würde er mit allen Geistesgrößen der Geschichte Aug' in Aug' diskutieren, mit ihnen zusammenarbeiten und neue Erkenntnisse gewinnen. Seine Eltern? Gut, die würden vielleicht ein paar Tränen um ihn weinen, aber Prof hatte nicht mehr viel Kontakt zu ihnen, seit sein Vater ihm unmissverständlich zu verstehen gegeben hatte, er brauche wegen Geldnot nicht mehr bei ihnen vorstellig zu werden und solle gefälligst endlich sein Studium abschließen und sich einen Job suchen. Seine Vermieterin wäre wohl eher froh, ihn los zu sein, auch wenn der Wert seines kargen Mobiliars nicht ganz reichen dürfte, um die ausstehende Miete zu decken. Dann gab es noch Steffi, die Biologiestudentin, mit der er seit kurzem mehr oder weniger zusammen war. So richtig gut funktionierte es aber nicht zwischen ihnen. Sie wollte immer zu diesen Medizinerfeten, auf denen Prof sich überhaupt nicht wohlfühlte, und so rechnete er fest damit, dass sie ihm eines Tages wegen eines Porsche fahrenden Arztes den Laufpass geben würde. Was Prof wirklich fehlen würde, wären seine Gespräche mit Dio. Er konnte sich mit Dio stundenlang über die tiefgründigsten Probleme und den größten Quatsch unterhalten. Ja, das war es, was ihm wohl am meisten fehlen würde.

„Dieser Pakt von Mathemagika", fragte Prof, „was bedeutet es genau, ihm beizutreten?"

„Prof, bist du bescheuert? Du denkst doch nicht wirklich daran, dich in ein unsterbliches Mengendings transformieren zu lassen. Pfeif auf Erkenntnis, Unsterblichkeit und Schnipptrick."

„Warte doch mal, Dio", sagte Prof und wandte sich wieder an die Schlange. „Besagt der Pakt von Mathemagika nicht, dass ihr die Axiome, die eure Welt bestimmen, nach Belieben festlegen könnt und dass ihr vernichtet werdet, wenn ihr etwas Widersprüchliches beschließt? Vernichtet vom, wie hat Cantor ihn noch genannt, Antilogos?"

„Oh, ihr wurdet bereits von Herrn Cantor unterrichtet?", fragte die Schlange. Ihr schien das irgendwie nicht recht zu sein. „Es ist richtig, der Pakt von Mathemagika sieht für den Fall eines widersprüchlichen Beschlusses die Vernichtung durch den Antilogos vor. Aber dazu wird es nicht kommen." Die Schlange blickte Prof tief in die Augen. „Warum seid ihr hier?", fragte sie dann.

„Gute Frage", sagte Prof, „ich schätze, weil sich die Möglichkeit bot. Das Auftauchen von Mathemagika in unserer

Welt war eine ziemliche Sensation, weißt du? Dann haben wir bei Herrn Cantor vom Verschwinden Gödels erfahren, und nun sind wir auf dem Weg zum Schloss."

„Ihr wollt zum Schloss? Da habt ihr aber nicht den kürzesten Weg gewählt", sagte die Schlange.

„Wir hätten bei Euklid links abbiegen sollen", sagte Dio, „das wäre bestimmt kürzer gewesen."

„O nein, der linke Weg wäre wesentlich weiter und schwieriger gewesen", widersprach die Schlange, „aber ihr hättet vor längerer Zeit eine Abzweigung nehmen müssen."

„Du und deine dämlichen Geschichten, Prof", schimpfte Dio, „nur deswegen haben wir die Abzweigung verpasst."

„Ihr könnt auch von hier wieder auf den richtigen Weg gelangen", sagte die Schlange. „Allerdings müsst ihr ein Stück durch unwegsames Gelände. Nicht ganz ungefährlich, aber machbar."

„Herr Cantor hat uns geraten, auf dem ausgeschilderten Weg zu bleiben", gab Prof zu Bedenken. „Sollten wir nicht lieber zurück zur verpassten Abzweigung gehen?"

„Kommt nicht infrage, Prof", entschied Dio. „Ich habe Hunger und bin müde. Wir gehen jetzt den kürzestmöglichen Weg zum Schloss. Und du erzählst keine Geschichten mehr, klar?"

„Was meinst du mit nicht ganz ungefährlich?", fragte Prof die Schlange.

„Vielleicht werden wir da vom Antilogos gefressen", warf Dio ironisch dazwischen.

„Nein", sagte die Schlange, „das Gelände ist unwegsam, das ist alles." Prof hatte das ungute Gefühl, dass die Schlange ihnen irgendetwas verschwieg.

„Wie sieht er eigentlich aus, der Antilogos?", fragte er.

„Der Antilogos hat viele Gesichter", antwortete die Schlange. „Man erkennt ihn vor allem daran, dass er alles verschlingt, was ihm vor den Schlund gerät. Er ist allmächtig und unerbittlich."

„Jetzt war ich doch fast so weit, diesen ganzen Quatsch zu glauben", sagte Dio, hob den Apfel wieder auf und biss hinein.

„Dio, was machst du denn?"

„Prof, ich bitte dich. Wunderäpfel, die einen unsterblich machen, die Weltgesetze beschließen lassen und ein weltverschlingendes Monster herbeirufen, wenn man einen Fehler macht, das ist doch alles riesengroßer Blödsinn."

„Meinen Glückwunsch", sagte die Schlange, als Dio seinen Bissen hinuntergeschluckt hatte.

„Soll ich dir sagen, was ich sehe, Prof? Keine einzige Menge. Ich sehe alles so wie vorher. Und hier, ich schnippe, aber nichts passiert. Ich verschwinde nicht, es fallen keine Fische vom Himmel, nichts. Und jetzt zeige ich dir noch etwas: Ich, Dio, beschließe hiermit, dass die Welt ein großer Käsekuchen ist. Na? Sieht so ein Käsekuchen aus?"

„Gesetze können nur mehrheitlich im Parlament beschlossen werden", erklärte die Schlange.

„Ach so, na klar, hatte ich doch glatt vergessen", machte sich Dio weiter lustig. „Vielleicht schlagen wir dem Parlament das mal vor. Wäre doch lustig, in einem Käsekuchen zu leben."

„Hoffentlich bereust du nicht noch, was du getan hast", sagte Prof. Er fühlte sich irgendwie betrogen. Schließlich hatte er doch mit dem Gedanken gespielt, einen Apfel zu essen. Und jetzt hatte Dio alles auf den Kopf gestellt.

„Mach dir mal keine Sorgen, Prof, mir geht es gut, und das wird auch so bleiben. Und jetzt, wo ich was im Magen habe, können wir uns meinetwegen wieder auf den Weg zum Schloss machen. Aber ich sage dir, wir gehen nicht zurück. Wir gehen den direkten Weg. Also, liebe Schlange, in welche Richtung müssen wir?"

„Es gibt noch eine andere Möglichkeit", sagte die Schlange.

„Was für eine Möglichkeit?", fragte Prof.

„Ihr geht durch die Substruktur."

„Mit dem Schnipptrick? Aber das können wir doch nicht."

„Du brauchst nur, wie dein Freund, einen Apfel zu essen. Dann könntet ihr es lernen."

„Nein, kommt nicht infrage. Wir gehen zu Fuß. Also welche Richtung?"

„Seht ihr den umgestürzten Baum? Dort müsst ihr hinübersteigen und weiter geradeaus durch das Unterholz gehen. Behaltet einfach die Richtung bei, gleich was ihr zur Linken oder Rechten seht, bis ihr wieder auf einen Weg stoßt, dem ihr nach links folgt. Das ist der Weg, der euch zum Schloss führt."

„Lass uns gehen", sagte Prof und marschierte los.

7

Das Volk der Ausdehnungslosen II

Der Chronik zweiter Teil

Konzentrische Sphärenwelten

So war also der Plan zur Besiedelung einer anderen Sphäre fertig ausgearbeitet und harrte seiner Umsetzung. Das Volk der Ausdehnungslosen konnte in sechs Stämmen zwei Sphären lückenlos besetzen, und jeder Stamm musste dazu nur Verschiebungen und Drehungen ausführen. Die besiedelte Fläche wurde dabei verdoppelt, und dies war eine gute Voraussetzung für die Gründung einer extraplanetaren Kolonie. Was allein noch fehlte, war ein geeigneter Zielplanet, denn dies musste ein Planet von ebensolcher Größe und Form sein wie der Heimatplanet der Ausdehnungslosen.

Dann aber machten die Ausdehnungslosen auf der Sphäre eine atemberaubende Entdeckung, die alles veränderte. Sie siedelten nicht auf der Oberfläche eines kugelförmigen Planeten, sondern sie *waren* die Oberfläche eines kugelförmigen Planeten. Und sie waren nicht allein! Was sie bislang für ihren Heimatplaneten gehalten hatten, war in Wahrheit ein Kontinuum konzentrischer Sphären, deren Radius von

0 bis zum Planetenradius reichte. Sie waren nur die äußerste von unendlich vielen Sphärenwelten, und jede dieser Sphärenwelten war ein Volk von Ausdehnungslosen, das nach eigenem Ermessen Drehungen um den Planetenmittelpunkt ausführte.

Es war eine der größten Umwälzungen in der Geschichte der Ausdehnungslosen, als es den Bewohnern der äußersten Sphäre gelang, mit den Bewohnern der anderen Sphären in Kontakt zu treten und ihnen vom Plan zur Besiedelung anderer Planeten zu berichten. Das Abenteuer der Koloniegründungen konnte beginnen.

Die erste Kolonie

Die Bewohner der verschiedenen Sphärenwelten waren fasziniert von der Möglichkeit, allein durch das Verschieben und Drehen von sechs Stämmen einen neuen Planeten zu erschaffen. Die Stämme auf der äußersten Sphäre mussten dazu nur radial nach innen durch alle Sphären hindurch erweitert werden. Jeder Oberflächenbewohner nahm also die radial unter ihm lebenden Ausdehnungslosen bis zum Mittelpunkt in seinen Stamm auf, jedoch ohne den Mittelpunktbewohner selbst, denn dieser konnte zunächst keinem der Oberflächenstämme eindeutig zugerechnet werden. So war also die gesamte Kugel der Ausdehnungslosen, der gesamte Planet, bis auf den Mittelpunktbewohner, in sechs Stämme aufgeteilt. Der Mittelpunktbewohner aber wurde fortan Kaiser des Planeten genannt, denn er war adeliger als alle Adeligen auf den Sphären. Er behielt seine Position nicht nur bei bestimmten amtlichen Drehungen, sondern bei jeder möglichen Drehung des Planeten überhaupt.

Führten nun die radial erweiterten Stämme die im Plan B vorgesehenen Verschiebungen und Drehungen aus, so fand die Verdopplung für alle Sphären zugleich statt, und so wurde ein neuer Planet erschaffen. Aus einem Planeten wurden zwei. Allerdings fehlte einem der Planeten der Kaiser, denn dieser konnte sich nur in einem der Planeten aufhalten. Es waren also nicht beide Kugeln lückenlos mit Ausdehnungslosen ausgefüllt.

Nun, wer einen Planeten erschaffen kann, dem nur ein einziger Bewohner fehlt, der wird an diesem nicht scheitern. Und tatsächlich schafften es die Beamten, durch eine kleine Veränderung in der Stammesaufteilung einen Ausdehnungslosen bei der Verdopplung einzusparen, welcher dann als neuer Kaiser in den Mittelpunkt des zweiten Planeten gehen konnte. Man musste dazu nur auf der Oberfläche einen beliebigen Orbit als *Kaisermacherorbit* auswählen und dort keine Lunier für Stamm I abordnen.

Dann reiste der Orbitmeister dieses Kaisermacherorbits mit einer Verschiebung, die Ka genannt wurde, von seinem Heimatort Pe ins Zentrum des zweiten Planeten, und die Lunier des Kaisermacherorbits breiteten sich wie in Plan A aus, nahmen also auch den frei gewordenen Ort Pe ein. Der Kaiser des Urplaneten aber schloss sich Stamm I an und blieb damit, wo er war, im Zentrum des Urplaneten. In Tab. 7.1 findet sich die Zusammenfassung des Plans für die Kugelverdopplung (später Plan C genannt).

So gelang die lückenlose Verdopplung der Kugel nicht mit sechs, sondern mit sieben Stämmen, wobei der siebte Stamm nur aus einem einzelnen Ausdehnungslosen (dem Orbitmeister des Kaisermacherorbits) bestand, der als Individualreisender eine Verschiebung zum Mittelpunkt des

Tab. 7.1 Plan C zur Verdopplung der Kugel

Stamm	Mitglieder	Reise
I	Orbitmeister (außer jenem des Kaisermacherorbits), Lanier, Lunier-Abordnung, Adelige inkl. Kaiser	Identität
II	Lunier ohne die Abordnung für Stamm I	La
III	Spezial-Banier	So-Ta
IV	Normal-Banier	Ta
V	Spezial-Bunier	So-Ta-Ba
VI	Normal-Bunier	Ta-Ba
VII	Orbitmeister des Kaisermacherorbits	Ka

zweiten Planeten ausführen musste. Zwar mochten die Ausdehnungslosen das Individualreisen überhaupt nicht und reisten in der Regel als ganzes Volk oder in überabzählbaren Stämmen. Der Ausdehnungslose des siebten Stamms wurde aber damit versöhnt, dass er zum Kaiser des neuen Planeten aufstieg.

So wurde als erste Kolonie der Planet *Kugel 2* erschaffen. Der Urplanet aber wurde fortan *Kugel 1* genannt.

Die Zeit der Koloniegründungen

Natürlich blieb es nicht bei einer Kolonie. Wenn man aus einer Kugel zwei machen kann, dann kann man durch fortgesetzte Wiederholung desselben Verfahrens auch drei, vier, fünf, ja beliebig viele Kugeln machen. Um nicht den Überblick zu verlieren, musste jede neue Kolonie bei einer zentralen Meldestelle auf dem Urplaneten registriert werden.

Bei jeder Verdopplung wurde ein Planet wieder aufs Neue in sieben Stämme aufgeteilt, die sich zu zwei neuen Planeten formierten. So bestand letztlich jeder neue Planet aus Teilen, die einmal Teile des Urplaneten gewesen waren. Also war es in der Summe so, dass eine einzige Kugel in endlich vielen Teilen zu einer beliebigen Anzahl von Kugeln von eben derselben Größe wie die erste Kugel umgebaut werden konnte, allein durch Verschiebungen und Drehungen der Teile. Die Umkehrung funktionierte natürlich ebenso: Beliebig viele Kugeln konnten in endlich vielen Teilen zu einer einzigen Kugel umgebaut werden.

Die neue Formenvielfalt

Die Beamten nannten die Reise eines Stammes Ausdehnungsloser eine *Kongruenzreise*, wenn die relative Position aller Stammesmitglieder zueinander erhalten blieb. Kongruenzreisen waren also Verschiebungen und Drehungen sowie jegliche Kombinationen daraus. Demzufolge nannten die Beamten zwei Punktmengen A und B *kongruent*, wenn ein Stamm Ausdehnungsloser, der A besetzte, durch eine Kongruenzreise B besetzen konnte. Sie nannten A und B *stückweise kongruent*, wenn die Übersiedelung von A nach B nicht die Kongruenzreise eines einzigen Stammes war, sondern Kongruenzreisen verschiedener, aber nur endlich vieler Stämme. Die Koloniegründungen hatten gezeigt, dass eine Kugel stückweise kongruent ist zu zwei Kugeln, ja zu jeder beliebigen Anzahl Kugeln von eben derselben Größe wie die ursprüngliche Kugel.

Irgendwann fragte ein Beamter mit Namen Bantar: Warum sollen wir immer nur Planeten derselben Form und Größe erschaffen? Warum nur Kugeln? Warum nicht zum Beispiel Würfel? Die anderen Ausdehnungslosen hielten diese Idee zunächst für einen Scherz, doch es war kein Scherz.

Bantar hatte etwas Interessantes entdeckt: War eine Punktmenge A stückweise kongruent zu einem Teil einer zweiten Punktmenge B, und war umgekehrt B stückweise kongruent zu einem Teil von A, so mussten auch A und B stückweise kongruent sein.

Würde also eine Kugel in endlich vielen Stücken in einen Würfel passen und umgekehrt dieser Würfel in endlich vielen Stücken in die Kugel, so könnte man die Kugel in endlich vielen Stücken exakt zu dem Würfel umbauen und natürlich auch umgekehrt den Würfel zur Kugel.

Sind etwa eine Kugel und ein Würfel gegeben, und zwar so, dass die Kugel in einem Stück in den Würfel passt, dann ist die Voraussetzung für den Umbau in einer Richtung erfüllt. Doch wie kann dann umgekehrt der Würfel in endlich vielen Stücken in die Kugel passen?

Die Kugel ist stückweise kongruent zu beliebig vielen Kopien ihrer selbst. Und der Würfel, wie groß er auch sein mag, passt in endlich vielen Stücken in eine ausreichend groß gewählte Anzahl von Kugelkopien. Da aber alle Kugelkopien zusammen stückweise kongruent zu der einen Kugel sind, finden auch die in den Kugelkopien steckenden Würfelstücke in endlich vielen Stücken Platz in der einen Kugel. Also ist die Voraussetzung für den Umbau auch in der anderen Richtung erfüllt. Die Kugel kann zu dem Würfel umgebaut werden und umgekehrt. Kugel und Würfel sind stückweise kongruent. Form und Größe der Körper spielen für diese Überlegung überhaupt keine Rolle. Jeder Körper ist zu jedem anderen Körper stückweise kongruent.

Den Ausdehnungslosen gab diese Erkenntnis ungeahnte neue Möglichkeiten. Sie konnten Planeten in beliebiger Form und Größe erschaffen.

8
Die verrückten Schwestern

„Mein Gott, warum hast du das bloß gemacht?", fragte Prof.

„Was?"

„Den Apfel gegessen."

„Na, weil ich Hunger hatte. Ehrlich gesagt habe ich immer noch Hunger. Ich hätte mir noch ein paar Äpfel mitnehmen sollen. Hey, vielleicht kann ich mir was zu essen herbeischnippen, ich bin ja jetzt ein unsterbliches Mengendings. Ich glaube, ich könnte ein ganzes Pferd verdrücken." Dio schnippte ein paarmal.

„Ein Pferd?", fragte Prof.

„Ja, das sagt man doch so. Na klar, ein Pferd! Ich schnippe uns ein Pferd herbei, und dann können wir reiten und brauchen nicht mehr zu laufen."

„Vergiss es, Dio. Auf ein Pferd kriegt mich keiner."

„Wieso, hast du etwa Angst vor Pferden?"

„Ach, was heißt schon Angst. Ich mag sie einfach nicht besonders."

„Verstehe ich nicht. Sind doch schöne Tiere."

„Sie sind groß und unberechenbar."

„Jetzt übertreibst du aber. Meinetwegen schnippe ich dir auch was anderes herbei. Wie wäre es mit einem Esel?"

„Ich will nicht reiten, Dio. Wir gehen zu Fuß und basta."

„Wie du willst. Aber bedenke, du weißt nicht, wie weit es noch ist." – „Brrr."

„Sag mal, machst du dich lustig über mich?"

„Nein, wie kommst du denn darauf?"

„Dann hör auf zu schnauben."

„Ich schnaube nicht."

„Du hast geschnaubt wie ein Pferd."

„Brrr." – Ein Pferd brach seitlich durch das Gebüsch und galoppierte davon. Etwa fünfzig Meter weiter blieb es stehen und schaute sich nach Prof und Dio um.

„Ich werd bekloppt, du hast es tatsächlich geschafft, ein Pferd herbeizuschnippen", sagte Prof.

„Und es ist sogar gesattelt", stellte Dio fest. „Ob das wohl das Pferd von dem Boten ist, der bei Cantor war? Ach du Schreck, hoffentlich habe ich dem das nicht unterm Hintern weggeschnippt."

„Das hätte ich gerne gesehen", lachte Prof.

„Warte, ich versuche, es einzufangen."

„Dio, ich habe dir doch gesagt, ich reite nicht."

„Jetzt stell dich nicht so an. Ich habe uns ein Pferd besorgt, und das nehmen wir jetzt." Dio ging langsam auf das Pferd zu. Dabei sagte er immer wieder „ho" und „ruhig, ganz ruhig." Als er bis auf wenige Schritte herangekommen war, wieherte das Pferd und galoppierte erneut davon.

„Lass doch, Dio", sagte Prof, der vorsichtshalber ein Stück zurück geblieben war.

„Kommt gar nicht infrage, den Gaul holen wir uns", sagte Dio und unternahm einen weiteren Versuch. Doch wie beim ersten Mal entwischte das Pferd, kurz bevor Dio es erreicht hatte. „Der spielt mit uns."

„Oder er will uns irgendwo hinlocken", sagte Prof.

„Okay, wenn du spielen willst, dann bitte, aber jetzt bin ich am Zug. Ich habe es einmal geschafft, dich herzuschnippen, dann schaffe ich das auch nochmal." Dio schnippte, aber das Pferd blieb, wo es war. „Verdammt, warum geht das jetzt wieder nicht?"

„Vielleicht war das Pferd nur zufällig hier, und sein Erscheinen hat gar nichts mit deinem Schnippen zu tun."

„Quatsch, solche Zufälle gibt's doch nicht", beharrte Dio und schnippte weiter.

„Pass lieber auf", meinte Prof, „du schnippst dich noch um Kopf und Kragen."

„Autsch", rief Dio und fasste sich an den Nacken.

„Was ist?"

„Ich glaube, mich hat etwas in den Nacken gestochen." Dio taumelte zur Seite und stützte sich an einen Baum.

„Was ist mit dir los?"

„Mir ist so komisch." Dio hatte immer noch seine Hand im Nacken und beugte sich leicht vor. Sein Kopf fiel von seinem Körper ab auf den Waldboden.

„Dio, mein Gott, was ist mit dir passiert?" Prof hockte sich vor Dios abgetrenntem Kopf. Wie schon bei Euklids Trümmerstücken war auch an der Trennfläche von Dios Kopf keinerlei innere Struktur zu erkennen. Dio war ein perfektes Kontinuum. „Dio, kannst du mich hören?"

„Prof, was ist mit mir? Bin ich tot?"

Prof war erleichtert, dass sein Freund offenbar noch lebendig und bei Bewusstsein war.

„Nein, du bist nicht tot. Du bist hier bei mir. Kannst du mich sehen?"

„Nein, ich sehe überhaupt nichts mehr. Besser gesagt, ich sehe lauter wirres Zeug. Sag mir, Prof, ist das ein verdammter Horrortrip?"

„Was siehst du denn?"

„Ich kann nichts erkennen, es ist zu viel, zu wirr. Sieht aus wie das Bildrauschen am Fernseher, wenn kein Signal empfangen wird. Ich glaube, ich drehe durch, wenn das nicht bald aufhört."

„Schließe einfach die Augen."

„Prof, was ist mit mir?", fragte Dio noch einmal. „Ich habe keine Orientierung mehr."

„Dein Kopf, ich fürchte, er ist nicht mehr dort, wo er hingehört."

„Prof, wie ist so etwas möglich? Es ist doch gar nicht möglich, oder?"

Offenbar war es möglich. Prof wurde bewusst, dass sie nun nicht mehr nur Zuschauer in Mathemagika waren. Die Erkenntnis packte ihn wie ein Würgegriff.

„Bin ich jetzt wirklich so ein elendes Mengendings, wie die Schlange es prophezeit hat?", fragte Dio. „Warum habe ich Idiot bloß nicht auf dich gehört?" Dio presste die Lippen aufeinander. Eine Träne rann aus seinem Augenwinkel seitlich über die Schläfe.

„Wir kriegen das wieder hin, ich verspreche es dir", sagte Prof und legte seine Hand auf Dios Kopf. Allerdings hatte er noch keine Idee, wie er sein Versprechen einlösen sollte. Was konnte er schon tun? Zurück zur Schlange gehen und ebenfalls einen Apfel essen? Das wäre wohl keine Lösung. Aber schließlich war er Mathematiker, und Probleme lösen war das, was Mathematiker am besten konnten. Die Lösung musste hier irgendwo in Mathemagika zu finden sein.

„Ich hole Hilfe", sagte er, weil ihm auf die Schnelle nichts Besseres einfiel.

„Nein, Prof, geh nicht weg. Lass mich hier nicht alleine liegen."

„Okay, dann versuche ich jetzt, dieses blöde Pferd einzufangen. Ich bleibe immer in Rufweite, ja?" Prof schaute sich um, das Pferd war nirgends zu sehen. Er ging ein Stück und redete pausenlos irgendwelche Belanglosigkeiten, damit Dio hören konnte, dass er noch in der Nähe war. Ein Rascheln zu seiner Rechten erschreckte ihn. Hatte sich das Pferd etwa wieder ins Dickicht geschlagen? Prof folgte dem Rascheln. Nach kurzer Zeit hörte er jedoch nur noch seine eigenen Schritte. Gerade als er umkehren wollte, sah er durch die Bäume etwas hervorblitzen, das wie ein Schornstein aussah, ein Schornstein, aus dem Rauch aufstieg. Was haben wir für ein Schwein, dachte er. „Dio, hier wohnt jemand."

„Hast du das Pferd?", rief Dio zurück, der nicht richtig verstanden hatte.

„Wir müssen ohne Pferd klarkommen", sagte Prof, als er wieder bei Dio ankam, „aber dahinten wohnt jemand. Ich habe ein Haus gesehen." Erst jetzt realisierte er, dass Dios Körper immer noch mit ausgestrecktem Arm am Baum lehnte. „Kannst du deinen Körper bewegen?", fragte er.

„Du meinst, ob ich noch schnippen kann?"

„Nein, bitte nicht. Ich schlage vor, dass du das mit dem Schnippen vorerst unterlässt."

„Winke ich jetzt?", fragte Dio.

„Ja", bestätigte Prof. „Kannst du auch laufen?"

„Ich glaube schon. Ich sehe bloß nicht, wohin."

„Dann nehme ich deine Hand und führe dich."

„Und was machen wir mit meinem Kopf?"

„Ach so, den nimmst du am besten unter den anderen Arm. Warte, ich reiche ihn dir."

„Ein Haus?", fragte Dio, nachdem er seinen Kopf entgegengenommen hatte. „Mitten im Wald? Wer soll denn da wohnen?"

„Was weiß ich, vielleicht der Förster", meinte Prof. Das seltsame Paar ging Hand in Hand seinen Weg.

„Weißt du, was ich mir gerade vorstelle?", fragte Dio. „Dass wir so auf eine Halloween-Party gehen. Das wäre bestimmt ein Knaller."

„Da kannst du sicher sein." Die beiden gingen bis zu der Stelle, an der Prof den Schornstein gesehen hatte und dann weiter einen kleinen Abhang hinunter. Prof bemühte sich, nicht schneller zu werden. Dio stolperte hinterher, seinen Kopf in fester Umklammerung. Unten angekommen betraten sie eine Lichtung. Da lag es direkt vor ihnen.

„Ich glaube, ich bin im Märchen", sagte Prof.

„Was ist", fragte Dio, „wohnt hier nun der Förster?"

„Das ist das Haus aus Hänsel und Gretel", sagte Prof. Sie standen vor einem Haus aus Brot und Kuchen mit Fenstern aus hellem, durchscheinenden Zuckerguss. „Jetzt fehlt nur noch, dass eine alte Hexe zur Tür herauskommt."

Prof wurde von einem harten Wasserstrahl nach hinten katapultiert. Ein ohrenbetäubendes Trompeten verhinderte, dass er einen klaren Gedanken fassen konnte. Erst nach Sekunden gelang es ihm, sich zu sammeln und seinen Blick nach oben zu richten. Er blickte an einem gigantischen Tier empor, das aussah wie ein afrikanischer Elefant. Es war offensichtlich ein afrikanischer Elefant. Die Ohren standen in Drohgebärde weit vom Kopf ab, die Stoßzähne fuchtelten in der Luft herum und der Rüssel hob zu einem weiteren ohrenbetäubenden Trompeten an.

Nichts wie weg, dachte Prof, doch bevor er sich aufgerichtet hatte, wurde er aus der anderen Richtung von einem Wasserstrahl getroffen. Ein weiterer Elefant hatte ihm den Fluchtweg abgeschnitten. Dio erging es nicht besser. Die Wucht des Wassers streckte ihn zu Boden und entriss ihm seinen Kopf, der unsanft über den Boden rollte. Wie Spielbälle wurden Prof und Dio zwischen den Elefanten mit Wasserfontänen hin und her getrieben. Endlich hatten die Elefanten Erbarmen oder vielleicht auch nur ihren Wasservorrat aufgebraucht. In jedem Fall hörte das Traktieren mit den Wasserfontänen auf. Prof und der kopflose Dio kauerten bibbernd vor Kälte und Angst auf dem Boden.

„Was habt ihr hier zu suchen?", herrschte sie der erste Elefant an.

„Wir bitten vielmals um Entschuldigung", sagte Prof, „wir waren unterwegs zum Schloss und sind vom Weg abgekommen. Als wir euer Haus sahen, dachten wir, wir könnten hier Hilfe bekommen."

„Hilfe? Wobei?"

„Mein Freund hat durch einen unglücklichen Umstand seinen Kopf verloren. Denkt ihr, ihr könntet das wieder in Ordnung bringen?"

„Schwester, jetzt sieh dir diese beiden Helden an. Sie sind schon mit einem messbaren Zwei-Teile-Puzzle überfordert."

„Bedauernswerte Geschöpfe, Heidi", sagte der andere Elefant.

„Prof, lass uns abhauen, mit denen ist nicht gut Kirschen essen", rief Dios Kopf von der Seite.

„Niemand verschwindet von hier, ehe wir es gestatten", polterte der erste Elefant, der offenbar Heidi hieß.

„Vielleicht könntet ihr in Erwägung ziehen, es jetzt zu gestatten?", versuchte es Prof und erhob sich vorsichtig.

„Schweig, du Wurm! Wir gestatten es *nicht* jetzt. Zuerst haben wir einige Fragen an euch." Heidi war Prof bedrohlich nahe gekommen und berührte dessen Kinn mit ihrem Rüssel. „Wer seid ihr?", fragte sie.

Prof wagte es kaum zu atmen. „Wir sind zwei Wesen aus der Welt der Erscheinungen", sagte er. „Ich bin Prof und das ist mein Freund Dio. Wir sind Gäste des Herrn Cantor", ergänzte er in der Hoffnung, dass ihnen das vielleicht einen Bonus eintragen könnte.

„Lächerlich!", brüllte Heidi und stieß Prof mit ihrem Rüssel zu Boden. „Gesteht, ihr seid Spione des Königs."

„Nein, ganz bestimmt nicht", versicherte Prof.

Der andere Elefant hatte inzwischen Dios protestierenden Kopf mit dem Rüssel aufgenommen und auf den zugehörigen Hals gesetzt. Dio tastete seinen Kopf ab und wackelte ihn hin und her. Dann lächelte er zufrieden. Der Kopf war wieder fest und dort, wo er hingehörte. „Vielen Dank", sagte Dio. Den Kopf einfach zurück auf den Hals setzen, das hätte ich auch gekonnt, dachte Prof.

„Zwei messbare Teile zusammenzusetzen ist nun wirklich keine Kunst", sagte der Elefant. „Wenn ihr wirklich etwas Erstaunliches sehen wollt, dann schaut mich an. Ich bin ein Elefant, wie ihr seht, aber ich kann sein, was ich will. Eine Maus? Kein Problem – bitte sehr."

Der Elefant erstarrte. Winzige Stücke flogen aus seinem verblassenden Körper und konzentrierten sich auf einem kleinen Fleck am Boden. Stück für Stück verschwand der

Elefant und eine Maus nahm Gestalt an. Es war wirklich erstaunlich, wie alle Elefantenstücke in der winzigen Maus Platz fanden.

Heidi lief wie ein aufgescheuchtes Huhn hin und her und trompetete ohne Unterbrechung. „Jackie, du weißt genau, wie ich es hasse, wenn du zur Maus wirst", schimpfte sie. Jackie tat ihr den Gefallen und verwandelte sich zurück in einen Elefanten. Prof war sprachlos. Jackie hatte soeben die praktische Anwendung des Satzes von Banach und Tarski vorgeführt. Wie war das nur möglich?

„Du Prof, ich glaube, ich kann wieder sehen", raunte Dio.

„Was heißt das?", fragte Prof. „Kannst du nun wieder sehen oder nicht?"

„Ich sehe was, was du nicht siehst. Ich sehe Mengen, Prof. Mengen über Mengen. Deswegen war anfangs alles so wirr. Mein Gott, ich hatte ja keine Ahnung."

„Tuschelt nicht in unserer Gegenwart!", ging Heidi dazwischen. „Wisst ihr, was wir mit Spionen machen? Wir schmücken damit unser Haus."

„Ich sagte doch, wir sind keine Spione", beteuerte Prof.

Heidi drückte Prof mit ihrem Rüssel zu Boden, Jackie tat dasselbe mit Dio. Dio zappelte und schrie „Prof, Hilfe, ich löse mich auf!"

Als Prof seinen Kopf zur Seite drehte, sah er, wie sein Freund allmählich durchscheinend und schließlich unsichtbar wurde. An seiner Stelle lag ein kleines rundliches Ding, ein Pfefferkuchen.

„Verdammt, was habt ihr mit ihm gemacht?", rief Prof.

„Wo sollen wir ihn hinsetzen, Schwester?", fragte Jackie, als sie den Pfefferkuchen mit dem Rüssel aufgehoben hatte. „Vielleicht über die Eingangstür? Das wäre doch ein ehrenvolles Plätzchen."

Prof wurde immer noch von Heidi am Boden festgehalten. „Bei diesem hier wirkt die Auswahlfunktion nicht", beschwerte sich Heidi. „Dieser Bastard ist wohl nicht kontinuierlich."

„Das kann nicht sein, Schwester, wir sind hier im kontinuierlichen Teil von Mathemagika. Hier ist alles kontinuierlich."

„Dann versuch du es doch, wenn du alles besser kannst."

„Jetzt sei nicht gleich eingeschnappt. Wir brechen ihn auseinander und sehen nach, ob du Recht hast."

„Nein, bitte nicht", flehte Prof, „glaubt mir, das gibt eine Riesensauerei. Ich bin nicht kontinuierlich, Ehrenwort." Prof wurde ohnmächtig, als er die beiden Rüssel auf seinem Körper spürte.

9
Der Krisenstab

„Meine Herren, es ist kurz vor 2π", beschwor Leopold Kronecker die anderen Mitglieder des Krisenstabes. „Wir müssen *jetzt* handeln, bevor es zu spät ist. Ich sage, weg mit dem absurden Turm der Unendlichkeiten, weg mit dem Potenzmengenaxiom, weg mit dem Auswahlaxiom und dem ganzen inkonstruktiven Zeug. Allein die ganzen Zahlen und was sich in endlich vielen Schritten daraus konstruieren lässt, bilden ein sicheres Fundament."

Die von Kronecker angegebene Uhrzeit „kurz vor 2π" war eine Metapher für „kurz vor einer Katastrophe", etwa so wie unser „fünf vor zwölf". Tatsächlich war es erst kurz vor $\frac{4}{3}\pi$ und damit kurz vor Beginn der Krisenstabssitzung. In Mathemagika wurde ein Tag wie ein Kreis eingeteilt, dessen Umfang bekanntlich 2π Radien misst. Den Zeiten eines Tages von Mitternacht bis zur darauffolgenden Mitternacht wurden also die Werte von 0 bis 2π zugeordnet. $\frac{4}{3}\pi$ entsprach demnach 16 Uhr bei einem 24-Stunden-Tag.

Das Stirnrunzeln von Cantor und Hilbert sagte in etwa „Nicht schon wieder …" Die übrigen Krisenstabsmitglieder ließen sich nichts anmerken, dachten aber dasselbe. Kronecker hatte seinen Sitz im Krisenstab aufgrund der

Regelung bekommen, dass jede Fraktion im Parlament entsprechend ihrer Größe, mindestens aber mit einer Person im Krisenstab vertreten sein musste. Die kleine Fraktion der Konstruktivisten hatte mit Kronecker, als bekennendem Finitisten einen echten Hardliner in den Krisenstab entsandt. Die Konstruktivisten wollten alles Nichtkonstruktive aus Mathemagika verbannen und lehnten daher Axiome, die, wie das Potenzmengenaxiom oder das Auswahlaxiom, nur die Existenz von etwas forderten, ohne eine Konstruktionsanleitung dafür anzugeben, ab. Den Finitisten aber ging schon das Unendlichkeitsaxiom mit seiner Forderung einer unendlichen Menge zu weit.

König Aleph ignorierte Kroneckers Eröffnung, denn schließlich stand ihm als dem Vorsitzenden des Krisenstabs die Eröffnung der Sitzung zu.

„Meine Herren, die Lage ist ernst", sagte er. „Das Verschwinden unseres geschätzten Kollegen Gödel und das Vorfinden der von ihm hinterlassenen Botschaft, der zufolge 1 gleich 2 ist, geben Anlass zu größter Besorgnis. Ich brauche Ihnen nicht zu erzählen, was es für Mathemagika bedeuten würde, wenn sich Gödels Botschaft als zutreffend herausstellte. Es wäre die größte aller möglichen Katastrophen. Es wäre das Ende unserer Welt."

Kein Räuspern oder Stühlerücken war mehr zu hören, es war absolut still im Saal geworden. Jeder war sich des Ernstes der Lage voll und ganz bewusst.

„Es sei denn", fuhr König Aleph fort, „wir schaffen es, die Annihilation unserer Welt rechtzeitig abzuwenden. Dazu ist es von entscheidender Bedeutung, den Antilogos zu stellen, sobald er sich zeigt, und unverzüglich, aber besonnen zu reagieren. Wir haben schon einmal bewiesen, dass dies möglich ist, und ich bin überzeugt, dass wir es, falls notwendig, auch ein weiteres Mal schaffen werden. Herr Minister Zermelo, ich bitte Sie, uns noch einmal darzulegen, welche Maßnahmen unsere Notfallpläne vorsehen, wenn wir den Ausnahmezustand verhängen müssen."

Zermelo erhob sich von seinem Platz. „Vielen Dank, Eure Majestät. Ich möchte vorweg schicken, dass ich nach wie vor vollstes Vertrauen in unser Gesetz habe. Ich selbst war, wie Sie alle wissen, maßgeblich an seiner Ausgestaltung beteiligt, und auch wenn der Parlamentsbeschluss zu seiner Inkraftsetzung nicht einstimmig ausfiel, so glaube ich doch behaupten zu können, dass wir keines der Axiome leichtfertig aufgenommen haben. Zu sehr steckte uns noch der Schreck über das Scheitern des Frege'schen Axiomensystems in den Gliedern. Dieser Vorfall war uns eine Mahnung. Bei der Gestaltung des jetzt gültigen Axiomensystems haben wir uns zwar von der Intuition und den Vorarbeiten des Kollegen Cantor leiten lassen, aber stets unter der Maßgabe des für die mathematische Praxis Notwendigen."

Kronecker kritzelte Totenköpfe auf ein Blatt Papier. Zermelo sprach weiter, ohne davon Notiz zu nehmen.

„Dennoch gebietet uns das Wissen um die Gödel'schen Unvollständigkeitssätze, uns auch mit dem Schlimmsten auseinanderzusetzen, mit dem Auftreten eines Widerspruchs, wie ihn die Aussage $1 = 2$ zweifellos darstellt. Sollen wir also, wie Herr Kronecker fordert, in vorauseilendem Gehorsam das Unendlichkeitsaxiom opfern oder das Potenzmengenaxiom oder das Auswahlaxiom – oder am besten gleich alle drei? Ich sage, mit dem Unendlichkeitsaxiom beginnt erst die eigentliche Mathematik, denn was wäre die Mathematik ohne das Unendliche anderes als langweilige Erbsenzählerei? Mit dem Unendlichen erschließt sich ein ganz neuer Kosmos, und er wird noch viel reichhaltiger durch das Potenzmengenaxiom. Herr Cantor hat uns gezeigt, was in dieser Welt alles möglich ist."

„Sehr richtig", bekräftigte Hilbert, „und das soll uns auch niemand mehr nehmen."

„Und doch", sagte Zermelo, „wäre ich bereit, jedes notwendige Opfer zu bringen, um unsere Welt vor dem Untergang zu bewahren, aber erst müsste der Antilogos höchstpersönlich vor mir stehen und mir seine hässliche Fratze entgegenstrecken."

Kronecker hörte auf, Totenköpfe zu kritzeln und legte den Stift beiseite. „Ich fürchte, dann wäre es ein bisschen spät für einen Rückzieher, mein lieber Zermelo", sagt er. „Sie können nicht mit einem Wagen in voller Fahrt auf einen Abgrund zurasen und dann kurz vor dem Abgrund beschließen auszusteigen. Wir müssen handeln, bevor der Antilogos sich zeigt. Wir müssen jetzt handeln."

„Ich bitte Sie, Herr Kronecker, müssen wir denn diese Debatte wieder führen?", fragte Hilbert. „Wieso soll etwas nicht existieren dürfen, nur weil wir es nicht konstruieren können? Sie sehen doch, dass es funktioniert. Überall in Mathemagika erfreuen sich abzählbare und überabzählbare Mengen großer Beliebtheit. Wollen Sie die äußerst erfolgreiche mengentheoretische Begründung des Kontinuums aufgeben und stattdessen wieder euklidische Anschauungsgeometrie betreiben? Wir sollten vor allem Ruhe bewahren und nichts überstürzen. Ich schlage vor, dass wir uns jetzt die Notfallpläne von Herrn Zermelo anhören."

Jetzt stand Kronecker auf. „Wir alle leben in einer Schein-welt, die nur aufgrund unserer Beschlusskraft existiert. Wir beschließen, dass es verrückte Dinge gibt, und schon gibt es verrückte Dinge. Aber es ist eine geborgte Existenz ohne jegliche Sicherheiten, und sie wird nicht von Dauer sein. Ich prophezeie den Untergang. Hochmut kommt vor dem Fall, meine Herren."

Das peinliche Schweigen nach Kroneckers Rede wurde durch den Schrei einer Frau unterbrochen. Die Tür des Sit-zungszimmers wurde aufgerissen, und eine Frau, die dem Aussehen nach etwa zwanzig Jahre alt sein mochte, barfüßig und mit Mieder und Unterrock bekleidet, stürmte her-ein. Ihr Haar war notdürftig hochgesteckt, einige Strähnen hingen wild ins Gesicht.

„Ich werde zu deinem Thronjubiläum nicht erscheinen, Paps", schleuderte sie dem König entgegen.

„Prinzesschen, es ist gerade ein ganz schlechter Zeit-punkt", antwortete dieser. „Wir sind mitten in einer Sitzung."

„Ich schwöre, ich werde zu deinem Thronjubiläum nicht erscheinen", wiederholte Prinzesschen.

„Aber weshalb denn nicht? Was bringt dich so auf?"

„Ich habe nicht die passenden Schuhe, das bringt mich so auf. Ich habe zu meinem neuen Kleid keine passenden Schuhe!"

„Prinzesschen, du hast doch unendlich viele Paar Schuhe, da wird doch wohl ein passendes dabei sein."

„Ich habe *abzählbar* viele Paar Schuhe. Nennst du das etwa genug?"

„Nun ja, es sind unendlich viele."

„Es sind nicht genug. Ich brauche jede nur erdenkliche Kombination an Farbe, Form, Material, eben jeden nur erdenklichen Stil. Allein die Absatzhöhe von flach bis hoch ist ein Kontinuum. Und dann das Farbspektrum – ein mehrdimensionales Kontinuum. Von den Freiheitsgraden bei Form und Material will ich gar nicht anfangen. Du siehst, ich brauche ein Kontinuum an Schuhen. Abzählbar viele Schuhe hat doch jedes Bauerntrampel."

König Aleph wandte sich an die Sitzungsteilnehmer. „Meine Herren, ich fürchte, wir müssen die Sitzung vorübergehend unterbrechen. Ich habe ein ernstes familiäres Problem zu lösen. Wir warten mit dem Abschalten irgendwelcher Axiome, bis ich der Prinzessin ihre Schuhe besorgt habe. Sie sehen ja, wie wichtig ihr das Kontinuum ist. Und solange hier die Fremden herumstreunen, will ich die Prinzessin nicht allein aus dem Schloss lassen."

„Was für Fremde, Paps?", fragte die Prinzessin.

„Das erzähle ich dir unterwegs."

König Aleph und die Prinzessin verließen das Sitzungszimmer.

10

Die Flucht

Prof erwachte in einer kleinen Kammer, auf dem Boden liegend, aber Gott sei Dank in einem Stück. Durch das kleine Giebelfenster fiel ein Lichtschein auf einen Tisch, an dem ein Mann saß und schrieb. Der Mann hatte offenbar schon viel geschrieben, denn der ganze Tisch war über und über mit Zetteln bedeckt.

„Können Sie mir sagen, wo ich bin?", fragte Prof.

Der Mann drehte sich um und sah Prof durch eine monströse Hornbrille an. Seine Wangen wirkten eingefallen, die Haare waren streng zurückgekämmt. „Ha", sagte der Mann, „ich habe es gewusst."

„Was haben Sie gewusst?", fragte Prof.

„Das Auswahlaxiom. Es steht nicht im Widerspruch zu den übrigen Axiomen unseres Gesetzes."

„Nein", bestätigte Prof. „Wo sind wir?"

„Siehst du hier? Das Teiluniversum der konstruktiblen Mengen." Der Mann hielt Prof einen Zettel hin. „Hier gilt das Auswahlaxiom, also muss es im Einklang mit den anderen Axiomen stehen, vorausgesetzt, dass diese konsistent sind."

„Ja, sicher", sagte Prof. Die Handschrift auf dem Zettel war unmöglich zu entziffern. Man konnte allenfalls erahnen, dass es sich um mathematische Formeln handelte. Kein Wunder, dass die Schrift so unleserlich ist, dachte Prof, so wie der den Stift hält. Der Mann umklammerte den Stift mit seiner Faust. Dann erkannte Prof den wahren Grund für die ungewöhnliche Haltung. „Sie haben keine Daumen", sagte er.

„Ich habe Daumen", widersprach der Mann, „aber sie wurden mir abgetrennt."

„Mein Gott, wer tut denn so etwas und warum?"

„Wer? Unsere Gastgeber natürlich, die verrückten Schwestern. Sie haben mir die Daumen abgetrennt, damit ich nicht fliehen kann. Keine Daumen, kein Schnippen. Kein Schnippen, kein Reisen durch die Substruktur, verstehst du?"

„Aha", sagte Prof und erhob sich langsam vom Boden und richtete sich auf, bis sein Kopf an die Decke stieß. Der Raum war nicht hoch genug, dass er aufrecht stehen konnte, nicht einmal in der Mitte, wo die Decke am höchsten war. „Ich dachte, das Schnippen sei beim Teleportieren nur Show."

„Nein, für das Reisen durch die Substruktur ist das Schnippen leider essenziell."

„Haben Sie es nie auf die herkömmliche Art versucht?"

„Was meinst du?"

„Weglaufen – durch den normalen Raum."

„Nein, dieser Raum ist verschlossen, und die Schwestern passen auf wie Luchse."

„Sind Sie Kurt Gödel? Und wurden Sie entführt?", fragte Prof, während er die lebkuchenverkleidete Dachschräge abtastete. Der Raum hatte keine Tür, nur eine Bodenluke. Prof stellte sachte einen Fuß darauf und verlagerte dann langsam sein Gewicht auf den Fuß. Die Luke gab nicht nach, und sie hatte auch keinen Griff oder Ähnliches. Offenbar ließ sie sich nur von unten öffnen.

„Ja und ja und nein", antwortete Gödel.

„Was?"

„Ich bin Kurt Gödel, und ich wurde sozusagen entführt. Genauer gesagt bin ich einer Einladung der Schwestern gefolgt, mir eine ihrer Berechnungen anzuschauen, was zunächst eine freiwillige Entscheidung meinerseits war. Es schien mir eine einmalige Gelegenheit zu sein, mehr über die verborgenen Arbeiten der Schwestern zu erfahren. Natürlich habe ich nicht damit gerechnet, dass man mir die Daumen abtrennt und mich in eine Dachkammer einsperrt. So muss man es letztlich wohl doch als Entführung bezeichnen."

„Man hält Sie hier fest, damit Sie sich eine Berechnung anschauen?"

„Eigentlich ist es keine Berechnung, sondern das hier." Gödel zeigte Prof ein Heft, auf dessen Umschlag *Chronik der Ausdehnungslosen* stand.

„Was ist das?", fragte Prof.

„Es ist der Bericht über ein Volk, das unter Verwendung des Auswahlaxioms Planeten beliebiger Form und Größe erschafft."

„Gibt es dieses Volk der Ausdehnungslosen etwa wirklich?"

„Davon ist auszugehen. Alles, was logisch möglich ist, gibt es hier irgendwo. Und da ich gezeigt habe, dass das Auswahlaxiom nicht im Widerspruch zu unseren anderen Axiomen steht, scheint es logisch möglich zu sein."

„Das ist unheimlich. Eben habe ich mir das Volk der Ausdehnungslosen ausgedacht und meinem Freund davon erzählt, und schon gibt es eine ganze Chronik über dieses Volk."

„Den Schwestern ist es offenbar sehr wichtig zu erfahren, ob das Auswahlaxiom ungefährlich ist, denn sie fragen pausenlos danach. Daher habe ich meinen Beweis in einer Art Geheimschrift notiert. Schließlich soll er den Schwestern nicht ohne Gegenleistung in die Hände fallen. Meine Daumen will ich auf jeden Fall zurückbekommen."

„Wussten Sie, dass die Schwestern ihre Gestalt verändern können?"

„Faszinierend, nicht wahr? Sie zerlegen sich in endlich viele nicht messbare Teile und arrangieren sie um. So wie es die Chronik vom Volk der Ausdehnungslosen berichtet."

„Mein Freund wurde so in einen Pfefferkuchen verwandelt."

„Dasselbe ist wohl mit den Agenten Banach und Tarski passiert. Sie kleben irgendwo als Pfefferkuchen am Haus. Seid ihr die Ablösung der Agenten gewesen?"

„Nein, nein, wir sind keine Agenten. Wir sind harmlose Touristen, sozusagen. Glauben Sie, dass diese Verwandlung in Pfefferkuchen reversibel ist?"

„Im Prinzip schon. Wenn du die Funktion für die Verwandlung kennst, musst du nur die Umkehrfunktion anwenden."

„Wie machen die das bloß? Das Auswahlaxiom ist doch überhaupt nicht konstruktiv."

„Ich bin noch nicht dahintergekommen. Es ist eigentlich unmöglich. Aber ich habe einen interessanten Hinweis in der Chronik gefunden. Hier, lies diesen Satz." Gödel reichte

Prof das aufgeschlagene Heft und zeigte mit dem Finger auf eine Stelle im Abschnitt *Die Zeit der Orbitgründungen.* „Lies!"

„In jedem Orbit wurde ein Bewohner zum Orbitmeister ernannt", zitierte Prof aus der Chronik. „Und?"

„Na, das ist die Stelle, an der das Auswahlaxiom angewendet wird. Die Sphäre ist in überabzählbar viele Orbits zerlegt worden, und aus jedem Orbit wird jemand ausgewählt."

„Schon, aber es steht dort nicht, wie das gemacht wird."

„Eben."

„Und?", fragte Prof erneut. „Was nützt die Chronik also?"

„Sieh genau hin", forderte Gödel ihn auf. „Zu dem Satz gab es eine Fußnote. Die Schwestern haben sich zwar große Mühe gegeben, die Fußnote unkenntlich zu machen, aber mir ist es gelungen, sie zu entziffern."

Prof hielt das Heft nahe vors Gesicht. Hinter dem zitierten Satz war tatsächlich ein kleiner Fleck, der einmal eine Fußnotenmarkierung hätte sein können. Auf dem unteren Teil der Seite, wo man den Fußnotentext erwartet hätte, war das Papier durch Feuchtigkeit wellig geworden. Außer einer blassen, verschwommenen Fläche war dort nichts zu erkennen.

„Durch mein Bemühen, die Fußnote zu entziffern, ist sie leider endgültig ruiniert worden", erklärte Gödel, „aber ich weiß, was dort stand."

„Und was war das?"

„Was ist mit dem Auswahlaxiom? Ist es gefährlich oder nicht?", fuhr sie eine Frauenstimme an. Eine der Schwestern, jetzt in gewöhnlicher Frauengestalt, war unvermittelt in der Dachkammer erschienen. Prof fand die Frau durchaus attraktiv, wenn auch ihren Gesichtsausdruck etwas verbittert.

„Ich bin mir noch nicht darüber im Klaren", sagte Gödel. „Es sind noch einige schwierige Berechnungen durchzuführen."

„Ich erwarte bald Fortschritte – sehr bald", drohte die Frau und verschwand.

„Was stand in der Fußnote?", fragte Prof, nachdem er sich noch einmal vergewissert hatte, dass die Frau nicht mehr da war.

„Die Fußnote war ein Verweis auf ein Werk, das offenbar zum Ausbildungskanon für ausdehnungslose Beamte gehört. Es trägt den Titel *Anleitung zum Treffen einer unendlichfachen Auswahl*. Leider ist es mir noch nicht gelungen, dieses Werk in die Hände zu bekommen. Aber es muss sich ebenfalls in Besitz der Schwestern befinden, denn offenbar beherrschen sie die praktische Anwendung des Auswahlaxioms."

„Und was machen wir jetzt?"

„Ich werde weiter vorgeben, an meinem Beweis zum Auswahlaxiom zu arbeiten, denn das erwarten die Schwestern schließlich von mir. Außerdem werde ich versuchen, mehr über diese geheimnisvolle Anleitung zu erfahren."

„Ich kann hier nicht einfach herumsitzen und warten. Ich muss etwas tun."

„Was willst du denn tun?"

„Ich weiß nicht, irgendetwas. Vielleicht zum Schloss gehen und Hilfe holen."

„Du kommst hier nicht weg."

Prof schaute sich weiter in der Kammer um. „Das Fenster, da über Ihrem Schreibtisch, kann man es öffnen?", fragte er dann.

„Nein, es ist verschlossen", sagte Gödel.

Prof beugte sich über den Schreibtisch und drückte mit den Fingerspitzen gegen die milchige Scheibe. Das Material gab etwas zu viel nach, um Glas zu sein. Könnte es sich tatsächlich um Zuckerguss handeln? Mit einem beherzten Ellbogenstoß brach Prof die Scheibe auf. Große, klebrige Scherben blieben im Rahmen hängen, ließen sich aber gefahrlos abbrechen.

„Was machst du?", fragte Gödel entsetzt.

„Tut mir leid, Herr Gödel, aber ich kann hier nicht länger bleiben. Ich muss etwas tun." Prof sah aus dem Fenster nach unten. Von der Höhe her wäre ein Sprung zu wagen, dachte er, wenn auch riskant. Er kletterte auf den Schreibtisch und schob sich rückwärts bis zur Hüfte aus dem Fenster. Mit den Füßen suchte er nach irgendetwas, was ihm Halt geben könnte, während er sich mit den Händen am Schreibtisch festhielt. Endlich hatten seine Füße einen brauchbaren Spalt zwischen zwei Lebkuchenplatten gefunden. Erst eine, dann die andere Hand wechselten von der Schreibtischkante zum Fensterrahmen. Er hing nun wie ein Fragezeichen an der Außenfassade des Hauses. Jetzt musste er sich abstoßen und schnell eine möglichst geschickte Position einnehmen, um den Aufprall abzufedern. Gerade als er überlegte, wie das am besten zu bewerkstelligen sei, rutschte er mit den Füßen ab und hing lang gestreckt am Fensterrahmen. Ihm war klar, dass er sich nicht lange so würde halten können. So gut es ging drückte er sich mit den Füßen von der Hauswand weg und ließ los. Es ging abwärts. Doch statt auf dem Boden, landete er auf einem Pferderücken. Das Pferd wankte kurz und kommentierte Profs Aufprall mit einem Wiehern. Prof griff in die Mähne des Pferdes und zog sich in eine Position, aus der es ihm möglich war, eine einigermaßen reittaugliche Haltung einzunehmen. War es das Pferd, das Dio einfangen wollte? Profs Blick fiel auf den Pfefferkuchen über der Eingangstür. Er konnte Dio nicht einfach hier lassen. Vorsichtig machte er sich daran, den Pfefferkuchen von der Hauswand abzulösen, was vom Sattel aus nicht ganz einfach war.

„Der Diskontinuierliche versucht zu fliehen", rief eine der Schwestern, die plötzlich in der Tür stand.

Das Pferd beschleunigte ohne Vorwarnung, und der abgelöste Pfefferkuchen fiel zu Boden. Prof hatte keine andere Wahl, als sich in der Pferdemähne festzukrallen.

„Heureka, ich habe den Beweis vollendet", rief Gödel aus dem Giebelfenster.

11

Die Prinzessin

Im Hofschuhladen war ein lautstarker Streit im Gange. Aus der geöffneten Ladentür drangen abwechselnd eine aufgebrachte Frauenstimme und eine beschwichtigende Männerstimme. Das Pferd war direkt vor dem Ladenlokal zum Halten gekommen. Nachdem Prof ungelenk aus dem Sattel gerutscht war, sah er durch das Schaufenster ins Innere des Ladens. Dort standen ein Mann in prunkvoller Uniform und eine junge Frau im Ballkleid.

„Meine Anwesenheit im Krisenstab ist unerlässlich, Prinzesschen", warb der Mann um Verständnis. „Kronecker hat eine Abstimmung über die Verhängung des Ausnahmezustands beantragt, und du bist doch hier in den besten Händen."

„Ich habe noch einige weitere sehr elegante Modelle auf Lager, die Eure Königliche Hoheit vortrefflich kleiden werden", hörte man eine Stimme aus dem Hintergrund, die offenbar dem ins Lager verschwindenden Schuhverkäufer gehörte.

„Ist das etwa der König, der mit seiner Tochter Schuhe einkauft?", fragte Prof.

„Natürlich", antwortete das Pferd. „Du wolltest doch zum König, oder nicht?"

„Ja, schon. Ich hatte nur nicht damit gerechnet, den König in einem Schuhgeschäft anzutreffen." Prof konnte seinen Blick nicht mehr von der jungen Frau lassen, die neben einem Berg aus Schuhen und Schuhkartons stehend ihre Hände in die Seiten stemmte. Die Prinzessin sah wirklich bezaubernd aus. Die Wutblitze in ihren Augen verliehen ihr etwas Wildes, das ihre sonst feine und zierliche Erscheinung auf faszinierende Weise kontrastierte. Die Prinzessin war ein Vulkan kurz vor dem Ausbruch, besser gesagt, der Ausbruch hatte soeben begonnen.

„Verdammt, immer sind dir deine Regierungsgeschäfte wichtiger als ich!", fluchte sie und warf einen Schuh nach ihrem Vater. König Aleph entzog sich dem unausweichlich scheinenden Treffer gerade noch rechtzeitig durch ein Fingerschnippen, das ihn vom Ladenlokal zurück in die Krisenstabssitzung beförderte. Der Schuh flog durch die geöffnete Tür auf die Straße und landete genau vor Profs Füßen. Ohne lange nachzudenken hob Prof den Schuh auf und betrat das Ladenlokal, wo er etwas verlegen vor der Prinzessin stehen blieb. Ihre Wutblitze wichen einem interessierten, herausfordernden Gesichtsausdruck. Einige Sekunden starrten sie einander wortlos an. Prof fiel einfach nichts ein, was er hätte sagen können. Verehrte Prinzessin, ist das vielleicht Ihr Schuh? Nein, das war wirklich zu blöd. Oder hieß es Königliche Hoheit? Seine Gedanken waren blockiert. Was war nur los?

Die Prinzessin schob ein Bein vor, sodass der Rocksaum ihren entblößten Fuß freigab. Prof ging in die Knie und stützte ihren Fuß mit seiner Handfläche. Diese unmittelbare Berührung jagte einen Tsunami durch seinen Körper. Er schloss die Augen und atmete tief ein, um sich zu konzentrieren. Cool bleiben, befahl er sich und öffnete die Augen wieder. Dann ließ er den Schuh aus seiner Hand über den Fuß der Prinzessin gleiten und richtete sich langsam wieder auf.

„Vielen Dank, mein Herr", sagte die Prinzessin. „Darf ich erfahren, wer Sie sind?"

„Prof, man nennt mich Prof."

„Ich habe Sie hier noch nie gesehen, Herr Prof."

„Oh, bitte einfach nur Prof, Königliche Hoheit. Ihr habt mich hier noch nie gesehen, weil ich noch nie zuvor hier gewesen bin. Ich komme von sehr weit her, glaube ich."

„Sind Sie einer der Fremden aus der Welt der Erscheinungen?"

„Ja, das ist richtig. Wir, also mein Freund Dio und ich, sind heute hier angekommen. Meinem Freund ist leider unterwegs etwas zugestoßen. Jetzt muss ich zum König, um ihm eine wichtige Nachricht zu überbringen."

„Das tut mir leid, da sind Sie etwas zu spät gekommen. Mein Vater musste dringend zu einer Krisenstabssitzung. Die Konstruktivisten proben wohl wieder mal den Aufstand."

„Hat die Sitzung vielleicht etwas mit Gödels Verschwinden zu tun?"

„Ich glaube ja. Mein Vater sprach davon. Was meinen Sie, sollte ich zu diesem Kleid Schuhe mit rationalen oder irrationalen Absätzen tragen?"

„Oh, ich finde die Schuhe, die Ihr im Moment tragt, ganz entzückend. Ihr seht, wenn ich mir die Bemerkung erlauben darf, absolut hinreißend aus."

Die Prinzessin schenkte Prof ein Lächeln, schnippte mit den Fingern und verschwand. Wenn eine Studentin auf einer Semesterfete Prof so angelächelt hätte, wäre es eine unmissverständliche Aufforderung gewesen, ihr zu folgen. Leider hatte Prof nicht die geringste Ahnung, wie er das in diesem Fall hätte bewerkstelligen sollen. Ganz zu schweigen davon, dass es womöglich nicht schicklich gewesen wäre, einer Prinzessin hinterherzulaufen.

„Diese Schuhe werden Eurer Königlichen Hoheit garantiert gefallen", sagte der Schuhverkäufer mit einem Stapel Schuhkartons die Treppe heraufeilend, „sie sind absolut exquisit."

„Worauf wartest du? Wir müssen zum Schloss", sagte das Pferd, das seinen Kopf zur Tür hereingesteckt hatte.

12
Der Antilogos

„Sie wünschen bitte?", fragte der kahlköpfige Butler mit Walrossbart.

„Ich muss dringend den König sprechen", sagte Prof. „Ich habe eine wichtige Nachricht zu überbringen."

„Der König ist gerade in einer Sitzung. Haben Sie eine Audienz beantragt?"

„Nein, ich habe keine Audienz beantragt. Bitte, es ist sehr wichtig. Es geht um das Verschwinden von Herrn Gödel. Herr Cantor hat meine Ankunft bestimmt schon angekündigt."

„Ich wurde nicht über anstehenden Besuch informiert. Und die Sitzung kann ich unmöglich unterbrechen, mein Herr. Sie können eine schriftliche Notiz hinterlassen, Sie können warten oder eine Audienz beantragen. Ich werde sehen, wann ein Termin frei ist."

„Nein, nicht nötig. Ich warte." Prof folgte dem Butler in den Wartesalon und nahm in dem Sessel Platz, der ihm bedeutet wurde. Hoffentlich dauerte die Sitzung nicht mehr lange, dachte er, als der Butler gegangen war. Prof konnte nicht mehr ruhig sitzen bleiben und ging im Salon auf und ab. Warum hatte er Dio nur bei den Schwestern fallen lassen. Ein dummes Missgeschick. Immerhin, das Pferd, das sich ihm dort zur Flucht angeboten hatte, erwies sich als wahrer Glücksfall. Es konnte nicht nur sprechen, sondern war auch noch ortskundig und brachte Prof auf schnellstem Weg ans Ziel. Und Gödel hatte es offenbar geschafft, die Aufmerksamkeit der Schwestern auf sich zu ziehen. Doch jetzt war Prof wieder zum Warten verdammt, und das gefiel ihm überhaupt nicht.

„Mein lieber Prof, Sie sind gekommen", sagte eine Frauenstimme.

Prof drehte sich um, und vor ihm stand die Prinzessin, so wie sie ihn im Schuhgeschäft verlassen hatte.

„Darf ich Ihnen etwas Gesellschaft leisten?"

„Königliche Hoheit", sagte Prof und deutete eine Verbeugung an.

„Oh, bitte Prof, reden Sie mich mit meinem Namen an. Königliche Hoheit klingt so unerträglich steif und förmlich."

„Gerne, wie ist denn Ihr Name?"

„Aletheia."

„Ein wunderschöner Name. Er passt perfekt zu Ihnen. Dann müssen Sie mich Prof nennen." Prof hatte keine Ahnung, was er da faselte.

„Aber Prof, ich nenne Sie doch schon Prof."

„Was? Ach so, ja natürlich. Dann also Prof und Du."

„Einverstanden. Dann aber auch Aletheia und Du."

„Ist es nicht sehr ungewöhnlich für eine Prinzessin, einem Fremden das Du anzubieten?"

„Durchaus. Ich mache das nur bei Besuchern aus der Welt der Erscheinungen, die mir im Schuhgeschäft Komplimente machen."

„Das war kein Kompliment, Aletheia, es war die Wahrheit. Du siehst absolut hinreißend aus."

„Danke. Möchtest du etwas trinken, Prof?"

„Aber natürlich, dass ich darauf nicht gekommen bin. Wenn man sich das Du anbietet, muss man darauf anstoßen."

Aletheia schnippte mit den Fingern, und auf dem Tischchen neben dem Sessel materialisierten sich eine Flasche und zwei Gläser. „Öffnest du bitte?", fragte Aletheia.

„Klar." Prof entkorkte die Flasche und schenkte ein. Eigentlich machte er sich nicht viel aus Champagner, aber in dieser Situation schien ihm Champagner angemessen.

„Also dann. Aletheia." – „Prof." Sie prosteten einander zu und tranken.

„Auf der Erde ist es Brauch, sich anschließend einen Kuss zu geben", wagte Prof einen Vorstoß.

„Einen Kuss? Was für eine hübsche Idee. Ich glaube, ich habe so etwas noch nicht gemacht."

„Willst du es versuchen?" Mein Gott, was für eine groteske Situation! Vor ihm stand das wundervollste Wesen, das er je gesehen hatte, und er druckste herum wie ein pubertierender Mittelstufenschüler. Wo war bloß sein sprühender Charme geblieben? „Ich hoffe, es ist dir nicht unangenehm, wenn ich das sage, aber als ich dir vorhin im Schuhgeschäft begegnet bin, da war ich . . ." Prof wusste plötzlich nicht mehr, wie er den Satz beenden sollte.

Die Prinzessin ging einen Schritt auf ihn zu und stellte ihr Glas beiseite.

„Warst du schon einmal im unendlichdimensionalen Raum?", fragte sie.

Prof schüttelte den Kopf.

„Dann lass uns dort hingehen, und wir werden auf eine Art verschmelzen, die du noch nicht erlebt hast."

Prof schossen jede Menge Hormone ins Blut. Er begehrte die Prinzessin. Er begehrte sie wie ein Wahnsinniger, aber in den unendlichdimensionalen Raum zu gehen, machte ihm Angst.

„Werde ich das denn überleben? Ich meine, werde ich dort nicht zerfließen, zerbröseln, zu Staub zerfallen?", fragte er.

Die Prinzessin war ihm so nahe gekommen, dass ihre Wange die seine fast berührte.

„Hab keine Angst, Liebster", flüsterte sie, „ich bin bei dir und beschütze dich."

Ihre Lippen wanderten über sein Gesicht und legten sich schließlich auf seinen Mund. Mehr Halt suchend als fordernd umfasste er ihre Taille und zog sie an sich. Die Prinzessin hatte eine Hand in seinen Nacken gelegt, mit der anderen schnippte sie, und die eng Umschlungenen wurden in den unendlichdimensionalen Raum gespült. Prof wusste nicht, wie ihm geschah, er hatte jegliche Orientierung verloren. Alles, was seine Sinne ihm noch vermittelten, war die Prinzessin. Sie war überall in ihm und umschloss ihn von allen Seiten. Beide waren auf eine Weise vereinigt, wie es im dreidimensionalen Raum einfach nicht möglich ist.

Als Prof die Augen aufschlug, erblickte er Dio, der sich über ihn beugte und ihn mit leichten Klapsen auf die Wange ins Bewusstsein holte.

„Dio, du bist wieder da", stammelte er, „und du bist wieder du. Wie ist das möglich?"

„Ich bin mit Herrn Gödel durch die Substruktur gekommen. Du glaubst gar nicht, wie praktisch das ist."

„Herr Gödel, Sie sind auch wieder da. Was ist passiert?"
„Ich habe den verrückten Schwestern meinen Beweis zum Auswahlaxiom überlassen unter der Bedingung, dass ich meine Daumen zurückbekomme und dass dein Freund wieder zurückverwandelt wird", erklärte Gödel.

„Dio, was bin ich froh, dich wiederzusehen", sagte Prof und setzte sich auf. Ein Schwindelanfall ließ ihn innehalten.

„Ich hätte dich wohl vorwarnen müssen", sagte die Prinzessin. „Unser Schaumwein hat eine nicht zu unterschätzende Wirkung."

„Aletheia." Prof war etwas unangenehm berührt. Schließlich wusste er nicht genau, was alles im unendlichdimensionalen Raum geschehen war. Vorsichtig und mit Dios Hilfe richtete er sich auf.

„Mein Gott, Prof, du kippst doch sonst nicht so schnell aus den Latschen", frotzelte Dio. „Diese Mengenlehre ist übrigens echt toll, Prof. Was da alles möglich ist."

„Diese Mengenlehre ist grober Unfug und unser Untergang!", tönte eine erboste Stimme von draußen. Die Tür wurde aufgestoßen, und Hilbert steckte den Kopf herein.

„Gödel, kommen Sie, Sie müssen Kronecker zur Vernunft bringen. Er will unsere Welt bis zur Unkenntlichkeit verstümmeln."

Ein aufgeregtes Stimmengewirr drang von der Halle herein. Die Krisenstabssitzung war offenbar beendet oder zumindest unterbrochen worden.

Als Prof mit den anderen aus dem Wartesalon in die Halle trat, sah er die Krisenstabsmitglieder wild durcheinanderreden und gestikulieren. Gödel ging einige Stufen die Treppe hinauf, um besser gesehen zu werden.

„Bitte, bitte, meine Herren", begann er und hob beschwichtigend seine Hände. „Ich bitte um Ruhe. Ich möchte Ihnen etwas mitteilen."

Ganz allmählich ebbte das Stimmengewirr ab, und alle sahen hinauf zu Gödel.

„Danke, meine Herren. Ich habe Ihnen Folgendes mitzuteilen. Erstens: Ja, ich war Gast der sogenannten verrückten Schwestern. Sie haben mich gebeten, etwas über das Auswahlaxiom herauszufinden. Zweitens: Das Auswahlaxiom steht nicht im Widerspruch zu unseren anderen Axiomen. Drittens, und das möchte ich besonders betonen: Ich habe niemals $1 = 2$ an den Rand irgendeines Buches geschrieben. Dieser Satz ist selbstverständlich nach wie vor falsch."

„Dieser Gödel ist falsch", rief eine Stimme von hinten. In der geöffneten Eingangstür stand ein zerzauster und abgekämpfter Gödel und streckte demonstrativ seine Hände nach vorne, so als wollte er etwas abwehren. Er hatte keine Daumen. „Ich war nicht Gast der verrückten Schwestern, sondern ich wurde gegen meinen Willen von ihnen festgehalten. Sie haben mir die Daumen abgetrennt und mich in eine Kammer gesperrt. Und ich weiß, dass die Schwestern ihre Gestalt verändern können. Sie können nahezu jede beliebige Gestalt annehmen. Das . . ." – Gödel zeigte auf seinen Doppelgänger – „ist nicht Gödel. Es ist eine der verrückten Schwestern."

Ein Aufschrei ging durch die Menge. „Nun? Sag, wer du wirklich bist", forderte Gödel Nummer 2, „Jackie oder Heidi?"

„Wie kleingeistig diese Frage ist", antwortete Gödel Nummer 1. „Ich bin Jackie *und* Heidi." Er desintegrierte, während zwei zwillingsgleiche Frauen seinen Platz einnahmen.

Die Menge wurde panisch.

„Da, seht doch", schrie Kronecker, „was braucht ihr denn noch für Beweise?"

Prof war von dieser Vorführung nicht besonders beeindruckt, schließlich hatte er die Verwandlungskünste der Schwestern bereits hautnah vorgeführt bekommen. Trotzdem kam ihm irgendetwas an der Geschichte merkwürdig vor. Kein Mensch würde Geschwister Jackie und Heidi nennen. Jackie und Jill vielleicht oder Heidi und Hannelore, aber niemals Jackie und Heidi. Das passte zusammen wie Schokoldenpudding und Senf. Die Namen Jackie und Heidi lösten in Prof eine Assoziation aus, die er noch nicht zu greifen vermochte, irgendetwas klingelte da bei ihm. Jackie und Heidi, Jack und Heid, Jeckyll und Hyde – natürlich, Dr. Jeckyll und Mr. Hyde.

„Es gibt überhaupt nicht zwei verrückte Schwestern", platzte es aus ihm heraus. „Jackie und Heidi waren immer ein und dieselbe Person, aber eine Person, die sich beliebig vervielfältigen und dazu noch beliebige Gestalt annehmen kann."

Jetzt sahen alle Prof an.

„Was macht das für einen Unterschied?", fragten beide Schwestern unisono. „Eins oder zwei? Wir sind alles, was wir wollen."

„Wer seid ihr wirklich?", fragte König Aleph.

„Sieh an, Seine Majestät melden sich zu Wort. Ihr wollt wissen, wer wir wirklich sind? Dann seht her."

Die zwei Schwestern fügten sich zu einer Männergestalt zusammen.

„Beim Logos, Fermat!", rief der König.

„Damit habt ihr nicht gerechnet, nicht wahr? Ihr wähntet mich verschollen oder auf Reisen, dabei war ich längst wieder mitten unter euch."

„Wie ist das nur möglich?", fragte König Aleph.

„Es war eine überaus glückliche Fügung, dass ich auf meinen Forschungsreisen auf das Volk der Ausdehnungslosen traf, dessen Vertrauen ich gewann und dessen Chronik ich niederschrieb. Ich wurde dafür von ihnen auf unschätzbar wertvolle Weise belohnt. Die Ausdehnungslosen weihten mich in ein Geheimnis ein, das mir die Macht der Verwandlung gab: die Beherrschung des Auswahlaxioms. Und während ihr noch darüber debattiert habt, ob es wohl schicklich sei, dieses Axiom zu verwenden, zerlegte ich mich bereits in ein paar unmessbare Teile und rearrangierte sie zu beliebiger Gestalt. So hatte ich die Gelegenheit, unerkannt unter euch zu weilen und meinen Schabernack zu treiben, zum Beispiel $1 = 2$ auf den Seitenrand eines Buches zu schreiben."

„Aber wir haben das Auswahlaxiom beschlossen", warf Zermelo ein.

„Welch große Tat", höhnte Fermat. „Doch es ist eine Sache, das Auswahlaxiom als gültig zu beschließen, aber eine ganz andere Sache, es zu beherrschen."

„Sie brüsten sich damit, das Auswahlaxiom zu beherrschen", schaltete sich Hilbert ein. „Aber dann sagen Sie mir mal, wie das gehen soll. Das Auswahlaxiom ist nicht konstruktiv, wie Ihnen Herr Kronecker gerne bestätigen wird."

„Los, Fermat, erzählen Sie uns von der Anleitung zum Treffen einer unendlichfachen Auswahl", forderte Gödel.

Fermat war für einen Augenblick konsterniert, gewann aber schnell wieder die Fassung. „Dieses Geheimnis werde ich euch garantiert nicht auf die Nase binden", lachte er.

„Offenbar waren Sie nicht so überzeugt von der Ungefährlichkeit des Auswahlaxioms", sagte Prof. „Warum sonst hätten Sie Gödel entführen sollen, damit er Ihnen gerade das beweist."

„Mein diskontinuierlicher Freund, was glaubst du wohl, wer das Pferd war, das dich hierher gebracht hat? Das war ich."

„Mag schon sein, aber das erklärt nicht, warum Sie Gödel entführen mussten."

„Er schien mir der geeignete Kandidat zu sein, um mir die Sicherheit zu geben, die ich brauchte. Es ist reizvoll, etwas Verbotenes zu tun, aber nur ein Narr tut etwas Widersprüchliches. Jetzt ist die Zeit reif. Ich bin gekommen, um die Macht in Mathemagika zu übernehmen."

„Halt, das reicht!", sagte eine unglaublich laute und unglaublich tiefe Stimme. Über Fermat schwebte eine Stachelkugel. Die Umstehenden wichen erschrocken zurück.

„Was ist das?", fragte König Aleph.

„Das ist Igel", erklärte Prof.

„Ein Witzbold aus der Differentialgeometrie", ergänzte Cantor.

„Ihr irrt euch", donnerte es durch die Halle. „Ich bin der Geist, der stets verneint. Und das mit Recht, denn alles, was entsteht, ist wert, dass es zugrunde geht."

„Wozu zitierst du Goethe?", fragte Prof.

„Ich bin der Antilogos, und heute ist der Tag eures Untergangs."

Im nächsten Moment schien ein Beben das Schloss zu erschüttern. Aber es war nicht das Schloss, es war die Welt, die bebte. Der Antilogos hatte die Substruktur aufgerissen und betrat Mathemagika. Die bisher als Projektion erschienene Stachelkugel stülpte sich in einen stachelbewehrten Schlund um und verschlang Fermat.

„Soll das heißen, dass unser Gesetz inkonsistent ist?", fragte Zermelo ungerührt von Fermats Schicksal.

Der Antilogos schüttete sich aus vor Lachen. „Ihr habt wirklich gar nichts verstanden."

„Ich fürchte, es ist noch viel schlimmer", sagte Prof. „Es geht gar nicht um euer Gesetz. Es geht um Mathemagika überhaupt. Da die Zeit ein nachgelagertes Phänomen ist, das aus zeitlosen Gesetzen erst folgt, kann Mathemagika nicht früher konsistent und später widersprüchlich gewesen sein."

„Aber der Pakt von Mathemagika . . .", wandte der König ein.

„. . . ist ein Schwindel."

„Und die Schlange . . .", setzte der König erneut an.

„. . . hat euch betrogen. Entweder Mathemagika *ist* konsistent oder widersprüchlich, daran könnt ihr mit all euren Beschlüssen nichts ändern. Und wie es aussieht, ist Letzteres der Fall."

„Sehr gut kombiniert, Herr Mathematikstudent aus der Welt der Erscheinungen. Nur in einer widersprüchlichen Welt können wohl die Bewohner so unsagbar dämlich sein zu glauben, sie hätten alles unter Kontrolle. In meinem Reich haben die Begriffe wahr und falsch ihre Bedeutung verloren. Es gilt alles und zugleich nichts. Ich bin der Antilogos und habe unbegrenzte Macht in meiner Welt der Verdammnis."

Er schnappte nach König Aleph und biss ihm den Kopf ab. Der kopflose Körper taumelte orientierungslos umher.

„Ich glaube, wir sollten schleunigst von hier verschwinden", raunte Dio zu Prof. Prof nickte. Sie begaben sich möglichst unauffällig aber zügig zum Ausgang.

„Ist es nicht wundervoll, dass ich diesen Übergang in eure Welt gefunden habe?", wandte sich der Antilogos an die beiden. „Das verschafft mir noch mehr Spaß. Wenn ich mit dieser Welt fertig bin, werde ich mich an eurer gütlich tun."

Hilbert und Zermelo nahmen den kopflosen König bei der Hand und führten ihn in Richtung Wartesalon, dass er sich setzen könnte. Der Antilogos stürzte sich auf sie und trennte allen dreien mit einem Biss die Oberkörper ab. Die Unterkörper liefen noch einige Schritte, schwankten und stürzten schließlich zu Boden. Prof und Dio rannten hinaus ins Freie, währen der Antilogos die drei mit den Beinen strampelnden Unterkörper verspeiste.

„Wir müssen den Übergang zum Kollabieren bringen", keuchte Prof.

„Ja, aber wie?", fragte Dio.

„Weiß ich noch nicht, aber irgendetwas wird uns schon einfallen. Halt, woher weiß ich eigentlich, dass du nicht Fermat bist?"

„Aber Prof, Fermat wurde gefressen, das hast du doch selbst gesehen."

„Das heißt nichts. Es könnten noch jede Menge Kopien herumlaufen. Jeder hier könnte Fermat sein."

„Red keinen Quatsch, ich bin Dio und nicht Fermat."

„Dann sag mir, wo wir uns kennengelernt haben."

„Bei mir in der Kneipe natürlich, wo denn sonst?"

Prof zögerte einen Moment. War die Frage vielleicht zu einfach gewesen? „Na gut, das muss reichen", beschloss er. „Also, zuerst müssen wir zurück an den Ort, wo wir Mathemagika betreten haben. Aber wie kommen wir dahin? Bis wir zu Fuß da sind, ist der Antilogos längst bei dir in der Kneipe."

„Ihr müsst durch die Substruktur gehen", sagte Aletheia, die plötzlich vor ihnen erschienen war.

„Das geht doch nicht. Ich kann es zumindest nicht", sagte Prof.

„Du kannst es", widersprach Aletheia. „Du hast vom Schaumwein getrunken, und der ist aus den Früchten vom Baum der Erkenntnis gekeltert."

„Ich habe was?"

„Du hast vom Schaumwein getrunken und bist dadurch ein Teil von Mathemagika geworden. Wie hättest du sonst gefahrlos mit mir in den unendlichdimensionalen Raum gehen können? Und wie hätten wir dahingelangen sollen, wenn nicht durch die Substruktur?"

„Prof, du bist ein Mengendings, so wie ich", sagte Dio. „Und jetzt lass uns abhauen. Der Antilogos fängt bereits an, die Schlossmauern zu verspeisen."

Prof war sprachlos und stand nur regungslos da. Aletheia warf sich ihm an den Hals, küsste ihn und schnippte sie beide durch die Substruktur.

Der kugelförmige Übergang in die Kneipe auf der Erde war bereits wieder deutlich geschrumpft.

„Können wir denn überhaupt zurück?", fragte Dio. „Die Schlange hat doch gesagt, dass das unmöglich sei?"

„Auf das, was die Schlange gesagt hat, würde ich nicht mehr viel geben", sagte Prof. „Außerdem zerfalle ich lieber bei dir in der Kneipe zu Staub, als dass ich mich hier vom Antilogos fressen lasse."

„Ihr müsst gehen, die Verbindung schließt sich bereits wieder", drängte Aletheia.

„Komm mit uns, wir können gemeinsam fliehen", forderte Prof die Prinzessin auf.

„Das geht nicht, Prof, ich kann diese Welt nicht verlassen."

„Bitte, lass es uns versuchen", flehte Prof. „Ich liebe dich, Aletheia."

„Ich liebe dich", gab Aletheia zurück. Der Antilogos brach durch den Himmel und verschlang sie.

„Prof, wir haben keine Zeit mehr!", brüllte Dio seinen Freund an. Mit einem kurzen Anlauf hechtete er in die Kugel.

Prof konnte sich nicht bewegen. Er fühlte sich unendlich leer. Erst als der stachelbewehrte Schlund direkt auf ihn zuraste, reagierte er. Die Kugel war mittlerweile kaum noch größer als ein Medizinball. Prof sprang kopfüber hinein und wurde jäh gestoppt.

„Ich stecke fest", schrie er verzweifelt.

„Warte, ich ziehe dich herüber", sagte Dio und griff Profs Hand. „Es geht nicht."

„Dio, ich spüre meine Beine nicht mehr. Ich glaube, der Antilogos hat begonnen, mich aufzufressen. Dio, hilf mir!"

13

Schluss

Prof baumelte wie ein nasser Sack an der Theke. Mit ausgestrecktem Arm hielt er Dios Hand, die ihn langsam auf den Boden hinabließ.

„Dio, wo sind meine Beine? Verdammt, wo sind meine Beine?"

„Prof, jetzt komm mal wieder zu dir. Da sind doch deine Beine."

Prof sah an sich herunter. Da waren seine Beine, Gott sei Dank. Doch er konnte sie nicht spüren. Mit der freien Hand tastete er nach seinen Beinen, schlug darauf. Nichts. Er versuchte sich aufzurichten, aber es gelang ihm nicht.

„Meine Beine sind taub, ohne Gefühl. Ich kann sie nicht bewegen."

„Prof, du bist über der Theke eingepennt und dabei sind wahrscheinlich deine Beine eingeschlafen. Zum Glück bin ich rechtzeitig vom Klo zurückgekommen, um dich aufzufangen. Du warst kurz davor, von der Theke zu rutschen und auf den Boden zu knallen. Das hätte übel ausgehen können. Ich muss mir echt überlegen, ob ich dich in Zukunft hier noch unbeaufsichtigt sitzen lassen kann."

Dio ließ Profs Hand los und kam um die Theke herum. Prof saß zusammengesunken auf dem Boden. Er hatte Mühe, seine Gedanken zu sortieren und blickte sich vorsichtig um. Hinter ihm lag ein umgestürzter Barhocker, neben ihm war eine Bierlache mit Glasscherben.

„Was ist mit der Verbindung, ist sie geschlossen?", fragte er.

„Was für eine Verbindung? Bist du neuerdings in einer Studentenverbindung?"

„Die Verbindung nach Mathemagika. Der Antilogos und all das, du weißt schon."

„Du faselst wirres Zeug, Prof. Ich glaube, du hast geträumt und musst erst wieder in der Wirklichkeit ankommen. Warte, ich helfe dir auf." Dio reichte Prof die Hand und zog ihn hoch. Allmählich kehrte wieder Leben in Profs Beine zurück. Er schaffte es zu stehen, wenn auch noch etwas wackelig.

„Aber wir waren da, du und ich. Aus deinem Altbierhahn ist diese Kugel gekommen, durch die wir in die andere Welt gegangen sind, weißt du nicht mehr?" Langsam wurde Prof bewusst, dass das, was er erzählte, sich ziemlich bescheuert anhörte.

„Liegt hier irgendwo ein Fisch?"

„Also, jetzt reicht's aber."

„Hier liegt kein Fisch, oder? Dann hat er sich entweder aufgelöst, oder ich habe wirklich nur geträumt. Oder hast du ihn weggeräumt? Mann Dio, das war alles so verdammt realistisch. Die verrückten Schwestern, die Prinzessin. Du wirst es nicht glauben, aber ich habe meine Traumfrau getroffen. Mein Gott, ich habe mich im Traum in eine Prinzessin verknallt, das ist ja vollkommen bescheuert."

„Alle Achtung, ich wusste gar nicht, dass in dir so eine kitschige Ader steckt."

„Wenn man es so erzählt, klingt es wirklich ziemlich kitschig, aber das war es nicht, jedenfalls habe ich es im Traum nicht so empfunden. Es war irgendwie das perfekte Ding mit Aletheia und mir."

„Aletheia?"

„Ja, so hieß sie, die Prinzessin."

„Schöner Name, bedeutet so viel wie *Wahrheit*, wenn ich mich nicht irre."

„Bist du sicher?"

„Na ja, mein Altgriechisch ist nicht mehr das Beste, aber ja, ich bin ziemlich sicher."

„Mein Gott, Dio, das ist der Beweis. Es war kein Traum, es muss real gewesen sein. Wie sollte ich, der ich nie im Leben eine einzige Lektion Altgriechisch gelernt habe, einen so bedeutsamen Namen wie Aletheia in meinen Traum einbauen?"

„Prof, jetzt überraschst du mich aber. Ihr Mathematiker braucht doch seitenweise komplizierte Formeln, um so etwas Selbstverständliches wie $1 + 1 = 2$ zu beweisen, und jetzt willst du das Auftauchen einer einzigen altgriechischen Vokabel als Beweis gelten lassen, dass deine irrwitzige Geschichte kein Traum war? Ich bitte dich."

„Aber wie soll ich sonst auf den Namen Aletheia gekommen sein?"

„Dafür gibt es Dutzende möglicher Erklärungen."

„Zum Beispiel?"

„Du hast wahrscheinlich irgendwann mal ein Originalzitat eines griechischen Mathematikers oder Philosophen gelesen, in dem das Wort *aletheia* vorkam. Und jetzt hast du den Begriff in einem Traum wieder aus deinem Unterbewusstsein hervorgekramt. So einfach ist das."

„Ich weiß nicht, das hört sich für mich nicht sehr überzeugend an."

„Auf jeden Fall wesentlich überzeugender als die Alternative, dass wir beide durch ein Verbindungstor, das aus meinem Altbierfass geschwebt kam, in eine andere Welt gegangen sind. Ich weiß jedenfalls, dass ich den ganzen Abend nur hier in meiner Kneipe war und nirgendwo sonst."

„Und das weißt du genau?"

„Prof, ich schwöre es dir. Schau doch mal auf die Uhr. Seit ich aufs Klo gegangen bin, sind nur ein paar Minuten vergangen. Was du in der Zeit alles erlebt haben willst, kann nur ein Traum gewesen sein."

„Hm, ich fürchte, du hast recht. Schade, ich wäre zu gerne tatsächlich dort gewesen. Es war eine beinahe perfekte Welt. Leider ist sie am Ende draufgegangen."

„Na, dann sei froh, dass alles nur ein Traum war. Ich mache dir einen Vorschlag. Ich beseitige eben hier deine Schweinerei und dann zapfe ich uns noch einen Absacker, was hältst du davon?"

„Nichts für ungut, Dio, aber ich glaube, ich gehe jetzt lieber nach Hause."

„Aber Prof, das ist doch sonst nicht deine Art. Muss ich mir Sorgen machen?"

„Nein, nein, alles in Ordnung, es ist nur . . ." Er schmunzelte und schüttelte den Kopf. „Ich fasse es einfach nicht, dass ich das alles geträumt habe."

„Und du willst wirklich nicht noch einen trinken?"

„Morgen Abend bin ich wieder da, und dann trinken wir einen zusammen, versprochen. Aber vorher habe ich einen Prüfungsantrag abzugeben."

Nachwort

Das Banach-Tarski-Paradoxon ist faszinierend und provozierend, weil es sich mit einfachen, anschaulichen Begriffen formulieren lässt, aber etwas anschaulich Unmögliches behauptet. Tatsächlich ist es kein Satz der Anschauungsgeometrie, sondern der Mengenlehre.

Dieses hoch theoretische Kunststück mit allen wesentlichen gedanklichen Schritten in erzählender Form zu präsentieren, war die Grundidee und der Ansporn für das vorliegende Buch. Einige technische Details mussten dabei naturgemäß außen vor bleiben.

Für Leser, die sich noch tiefer gehend für den Beweis oder seinen mathematischen, philosophischen und historischen Hintergrund interessieren, habe ich eine kleine und sehr persönliche Auswahl von Veröffentlichungen, die mir Quelle und Inspiration für den *Untergang von Mathemagika* waren, in das Literaturverzeichnis aufgenommen.

Das in der Chronik der Ausdehnungslosen dargestellte Verfahren zur Kugelverdopplung und zur „Erschaffung" von Planeten beliebiger Form und Größe orientiert sich am Beweis in [6]. Dort wird auch nachgewiesen, dass die Kugelverdopplung sogar mit nur fünf Stücken möglich ist.

Alle aufgeführten Werke haben ihren Anteil daran, dass der *Untergang von Mathemagika* so geschrieben werden konnte, und mein Dank dafür gilt ihren Autoren.

Karl Kuhlemann

Literatur

1. Banach, S., Tarski, A.: Sur la décomposition des ensembles de points en parties respectivement congruentes. Fundam. Math. **6,** 244–277 (1924)
2. Bedürftig, Th., Murawski, R.: Philosophie der Mathematik, 2. Aufl. Walter de Gruyter Verlag, Berlin (2012)
3. Ebbinghaus, H.-D.: Einführung in die Mengenlehre, 4. Aufl. Spektrum Akademischer Verlag, Heidelberg (2003)
4. Ebbinghaus, H.-D., Flum, J., Thomas, W.: Einführung in die mathematische Logik, 5. Aufl. Spektrum Akademischer Verlag, Heidelberg (2007)
5. Hoffmann, D.W.: Grenzen der Mathematik: Eine Reise durch die Kerngebiete der mathematischen Logik, 2. Aufl. Springer Spektrum, Berlin (2013)
6. Wagon, S.: The Banach-Tarski-Paradox, paperback ed. Cambridge University Press, New York (1993)
7. Wapner, L.M.: Aus 1 mach 2: Wie Mathematiker Kugeln verdoppeln. Spektrum Akademischer Verlag, Heidelberg (2008)
8. Winkler, R.: Wie macht man 2 aus 1? Das Paradoxon von Banach-Tarski. http://dmg.tuwien.ac.at/winkler/pub/bata/ (2001). Zugegriffen: 14. Nov. 2014

Printed in the United States
By Bookmasters